核搜索优化算法研究与应用

董如意　孙立勋／著

吉林大学出版社

·长春·

图书在版编目（CIP）数据

核搜索优化算法研究与应用 / 董如意, 孙立勋著. --
长春 : 吉林大学出版社, 2023.4
ISBN 978-7-5768-1589-4

Ⅰ. ①核… Ⅱ. ①董… ②孙… Ⅲ. ①最优化算法
Ⅳ. ①O242.23

中国国家版本馆CIP数据核字(2023)第059473号

书　　名：核搜索优化算法研究与应用
HESOUSUO YOUHUA SUANFA YANJIU YU YINGYONG

作　　者：董如意　孙立勋
策划编辑：黄国彬
责任编辑：甄志忠
责任校对：王寒冰
装帧设计：刘　丹
出版发行：吉林大学出版社
社　　址：长春市人民大街4059号
邮政编码：130021
发行电话：0431-89580028/29/21
网　　址：http://www.jlup.com.cn
电子邮箱：jldxcbs@sina.com
印　　刷：天津和萱印刷有限公司
开　　本：787mm × 1092mm　　1/16
印　　张：8
字　　数：120千字
版　　次：2023年4月　第1版
印　　次：2023年4月　第1次
书　　号：ISBN 978-7-5768-1589-4
定　　价：48.00元

前 言

最优化问题是指在一定的约束条件下，在众多的可选方案中找到最佳方案，以提高系统整体收益的一类问题。最优化问题已广泛应用于工程技术、经济管理、公共管理、生物医学以及科学研究等诸多领域。传统求解最优化问题的方法，如单纯形法、梯度下降法等，在满足某些特定条件下，虽可以求得理论最优解，但对于实际应用中经常出现的大规模高维度非线性问题求解起来则比较困难，且容易陷入局部最优。因此，在仿生学的启发下，出现了元启发式优化算法。元启发式算法从自然界的随机现象中获取灵感，将随机算法与局部算法相结合，有一定概率跳出局部最优，更有可能得到全局最优解。而且，元启发式算法可以快速地求解那些不存在或者暂时未找到多项式时间内的求解算法的问题。另外，元启发式算法对目标函数不存在任何特殊要求（如可微或者凸优化），不局限于具体问题，具有更加广泛的应用范围，成为了最优化问题研究的热点之一。

但元启发式算法并不能保证一定能够获得全局最优解，经常在一些问题上陷入局部最优。因此，如何平衡探索（exploration）和挖掘（exploitation）之间的关系，为更多、更复杂的优化问题寻找更好、更稳定的算法便成了新的元启发式算法设计的目标。

本书受流体力学中伯努利原理以及机器学习中的核方法启发，提出了一种新的元启发式优化算法，并通过基准函数集测试以及实际工程应用，验证了新算法具有更好的性能。具体研究内容如下：

（1）在伯努利流体力学原理的启发下，提出了一种新的元启发式算法——流体搜索优化（FSO）算法。FSO算法在目标函数优化过程中模拟了流体从高压自发流向低压的逆过程，即在低压处速度较大，向着高压处逆向流动的过程中速度逐渐减小。在流体粒子的流动过程中，最终在最高压强处汇聚，到达目标函数的最优。FSO算法根据函数优化过程，重新定义了流体的密度和压强，同时设计了扩散机制和指缩机制来平衡多样化探索（exploration)和集中式挖掘(exploitation)之间的关系。广泛采用的基准函数集测试实验表明,扩散机制与指缩机制能够提高算法的性能。最后,与流行的遗传算法、粒子群算法、引力搜索算法及萤火虫算法进行了对比,FSO 算法获得了更好的优化精度和鲁棒性。

(2)受 FSO 算法设计过程以及支持向量机中核映射(kernel trick)的启发,提出了另一种新的元启发式算法——核搜索优化(KSO)算法。由于所有元启发式算法都是通过一个非线性的迭代过程来逐步逼近目标函数的最优解,这个非线性的搜索过程实质上是一个在更高维空间的线性递增(求最大值)或递减(求最小值)过程。而核映射可以将非线性的目标函数映射到具有更高维度的线性函数。因此,对非线性函数的优化过程可以通过核映射转化为对线性函数的优化过程。在转换过程中,通过核函数来近似拟合目标函数,核函数的最优值近似为目标函数的最优值。通过多次迭代,核函数的最优值逐渐接近目标函数的最优值,近似模拟了更高维空间沿着"直线"的递增或递减过程,从而实现了对非线性函数最优值的搜索。KSO 尝试设计成为涵盖元启发式算法的通用搜索过程。大规模基准函数测试实验表明,相较于遗传算法、粒子群算法、引力搜索算法、差分进化算法、萤火虫算法和人工蜂群算法等主流算法,KSO 获得了更好的优化精度和鲁棒性,同时缩短了 CPU 运行时间。而且 KSO 仅需设置必要的参数——种群规模,无需小心调整设置其他超参数。

(3)将两种新算法即 FSO 算法与 KSO 算法分别应用到电力系统经济排放调度问题中。经济排放调度问题需要同时最小化燃料成本和污染排放,并满足大量的电力约束条件,属于带约束的多目标优化问题。FSO 算法与 KSO 算法通过权重加和法和罚函数法将调度问题转化为无约束的单目标优化问题进行求解。在具体的案例实验中,FSO 算法和 KSO 算法获得的帕累托解集均要优于大多数算法的最优复合解。而且,无论是最小燃料成本和最小污染排放,FSO 算法和 KSO 算法均要比相关算法的结果要好,尤其要比那些位于帕累托解集上的对比算法要好。FSO 算法和 KSO 算法在经济排放调度问题上获得了更好的调度方案,节约了燃料成本,减少了污染排放。而且,在规模较大的计及阀点效应的 CEED 问题中,KSO 算法的结果要优于 FSO 算法的结果,说明了 KSO 算法在连续域问题上的强大搜索能力。

目 录

第一章 绪 论

1.1 课题研究背景

最优化问题是指在一定的约束条件下，在众多的可选方案中找到最佳方案，以提高系统整体收益的一类问题。古希腊的欧几里得就存在最优化思想，证明了相同周长的矩形中面积最大的是正方形。当前，最优化问题已广泛应用于工程技术、经济管理、公共管理、生物医学以及科学研究等诸多领域中。最优化问题统一的数学形式可表示为

$$\min f(x)$$

$$\begin{cases} g(x) \leqslant 0 \\ h(x) = 0 \end{cases}$$

其中，$f(x)$称为目标函数，x 称为决策变量，$g(x)$为不等式约束条件，$h(x)$为等式约束条件，满足约束条件的决策变量取值范围称为可行域。

最优化问题根据不同的分类方式，对应着不同的求解方法：

(1)若只有目标函数而无约束条件，则称为无约束优化问题；若既有目标函数又有约束条件，则称为带约束优化问题。针对无约束优化问题，若目标函数可微，则一般由基于费马定理的数学分析方法求解，如梯度下降法、牛顿法等[1]；针对带约束优化问题，一般采用拉格朗日乘子法和广义拉格朗日乘子法(需满足 karush-kuhn-tucher(KKT)条件[2])求解。

(2)若目标函数和约束条件均为线性函数，则称为线性规划，基本的求解方法是单纯形法[3]及其衍生算法；若目标函数或约束条件中有一个为非线性函数，则称为非线性规划，求解方法包括梯度下降法、牛顿法等。特别地，若

目标函数为二次型且约束条件为线性函数，则称为二次规划问题，求解方法包括拉格朗日法、有效集法[4]、椭球法[5]等。

(3)若可行域为连续的，则称为连续优化问题；若可行域为离散的，则称为离散优化问题，求解方法包括枚举法、割平面法[6]、分支定界法[7]等；特别地，若可行域仅为 0 或者 1，则为 0-1 规划问题，求解方法包括隐枚举法[8]和匈牙利算法[9]等。

以上这些求解方法为最优化问题的传统求解方法，在满足某些特定条件下，可以求得理论最优解，例如有些方法需要目标函数连续或可微，有些方法需要约束满足线性条件，有些方法需要待求问题规模较小，有些方法需要待求问题满足凸优化等。而对于实际应用中经常出现的大规模高维度非线性问题求解起来则比较困难。

在实际应用的迫切需求下，20 世纪 40 年代出现了启发式算法(heuristic algorithm)。启发式算法是一种基于直观或经验构造的与待求问题高度耦合的算法，在可接受的花费内(指计算时间、计算空间等)给出优化问题的一个可行解，该可行解与最优解的偏离程度一般不可以事先预计，是以牺牲计算精度来降低计算复杂性的一种方法。常见的启发式算法包括局部搜索算法、贪心算法、A＊算法等。启发式算法解决了大规模问题求解困难的问题，但仅限于解决某些特定的问题，且容易陷入局部最优。

20 世纪 60 年代，在仿生学的启发下，出现了从自然界中的随机现象获取灵感，将随机算法与局部算法相结合的元启发式优化算法。元启发式优化算法是启发式算法的改进，二者虽不能保证得到全局最优解，但都可以快速地求解那些不存在或者暂时未找到多项式时间内的求解算法的问题。二者的区别在于启发式算法在给定一个输入的情况下，会得到固定的输出结果，且某种启发式算法限定于求解某些特定问题；而元启发式算法存在随机因素，得到的结果会有所不同，从而有一定概率跳出局部最优，更有可能得到全局最优解。而且，元启发式算法对目标函数不存在任何特殊要求(如可微或者凸优化)，不局限于具体问题，因此，具有更加广泛的应用范围，成为了最优化问题研究中的热点之一。

1.2　国内外研究现状

元启发式算法根据其受启发的机制不同，算法多种多样，不过大致可以分为两大类：一类是模仿生物学过程的，另一类是基于物理学原理的。其中，模仿生物学过程的元启发式算法又可分为基于生物进化的演化算法和基于动物社会性行为的群智能算法两类，如图 1-1 所示。

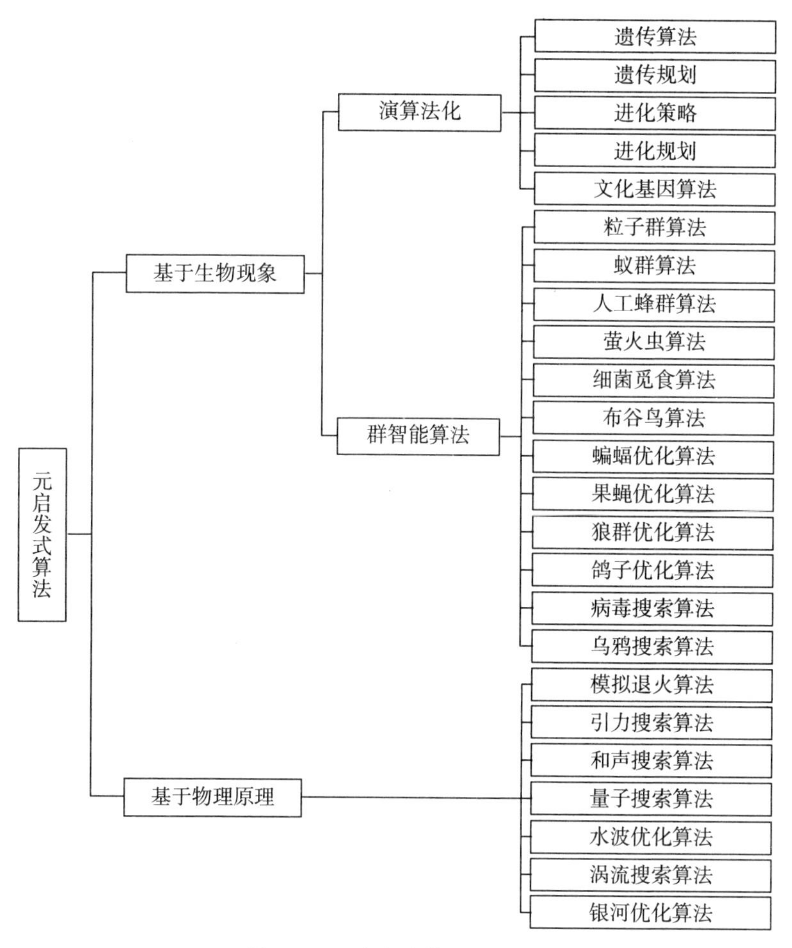

图 1-1　元启发式算法的分类

1.2.1 演化算法类

1.遗传算法

最早的元启发式算法可以追溯到 20 世纪 60 年代 Fraser 提出的遗传算法(genetic algorithm,GA)[10]。遗传算法是根据达尔文的自然选择理论以及遗传学原理而提出的元启发式计算模型,通过优胜劣汰的进化过程来获得最优解。

遗传算法将待求问题的解通过编码看成是一个个染色体,这些染色体模拟基因的遗传规律,进行交叉、变异等操作产生新的染色体。然后新染色体根据其所对应的目标函数值,通过优胜劣汰保留最优的染色体。经过多次迭代进化,最终保留下最优的染色体即为待求问题的最优解。

遗传算法自提出起就受到了广泛的关注,并进行了大量的改进和应用研究。Potts 等提出了一种基于迁移和人工选择的改进遗传算法[11],该算法更关注多个种群或物种的产生,以及从这些物种的综合进化中得出解决方案。实验结果表明,改进算法优于简单的遗传算法,缓解了早熟收敛的问题。Ahuja 等在遗传算法中引入了贪婪机制,定期对部分染色体进行局部优化,并通过移民框架增加了种群多样性[12]。在二次分配问题的测试中,贪婪遗传算法得到了绝大多数问题的最佳解决方案。Jiao 等基于生物学免疫学理论,提出了一种新的免疫遗传算法(IGA)算法[13],该算法通过接种疫苗和免疫选择来构建免疫算子。算法在 TSP 的实验中能够有效抑制退化现象,提高搜索能力和适应性,大大提高收敛速度。Andre 等[14]为了避免遗传算法的早熟收敛,提出了自适应地减少变量定义间隔,同时在交叉概率的计算中使用比例因子,改进的遗传算法通过对 20 个函数的测试获得了较好的效果。Leung 等提出了使用量化技术的正交遗传算法[15]。该方法能够在可行解空间上生成均匀分布的初始点群,并应用量化技术和正交设计来定义新的交叉算子,以生成一个规模较小但有代表性的种群作为潜在的后代。在具有大量局部最小的基准函数测试中,该算法能够找到最优或近似最优解。Deep 等提出了一种新的实数编码交叉算子——拉普拉斯交叉算子[16],在 20 个测试问题中,基于拉普拉斯交叉算子的遗传算法获得了更好的表现。Kao 等结合了遗传算法与粒子群优化算法的概念，通过 GA 中的交叉和变异操作以及粒子群中的迭代机制创建新个体[17]。17 个测试函数实验验证了混合算法快速有效。另外，采用遗传算法自动进化设计深度神经网络结构也成为元启发算法应用的一个新的亮点[18-19]。

遗传算法由于其自身染色体编码特点，更适合于求解离散优化问题，如整数规划、组合优化等，对于连续优化问题的则较容易陷入局部最优。遗传算法之后诞生了很多与进化相关的元启发式算法，共同构成了元启发式算法的一个分支——演化算法。

1.2.2 群智能优化算法

1.粒子群算法

1995 年，Eberhart 和 Kennedy 研究了鸟群觅食过程中迁徙和聚集的社会行为后，提出了粒子群算法(particle swarm optimization，PSO)[20]，开创了元启发式算法另一个分支——群智能算法的先河。鸟群在觅食过程中并不知晓食物的具体位置，但会朝向离食物最近的鸟的周围区域飞行。粒子群算法受此启发，将鸟抽象为粒子，所在位置看成是待求问题的可行解，食物看作是目标函数值。在每次迭代过程中，粒子会朝向自己曾经找到过的历史最优位置和整个群体找到的全局最优位置附近运动。最终，所有粒子会向食物附近聚集，从而找到最优的目标函数值(食物)。基本的粒子群算法迭代公式为

$$x_{t+1} = x_t + v_{t+1},$$

$$v_{t+1} = \omega v_t + c_1 \cdot \text{rand} \cdot (p_{\text{best}} - x_t) + c_2 \cdot \text{rand} \cdot (g_{\text{best}} - x_t)$$

其中，x_{t+1} 表示粒子的新位置，x_t 表示粒子的当前位置，v_{t+1} 表示粒子的新速度，v_t 表示粒子的当前速度，ω 为惯性因子，c_1，c_2 为学习因子，p_{best} 为当前粒子的历史最优位置，g_{best} 为所有粒子的全局最优位置，rand 为[0，1]之间的随机数。

粒子群算法作为最早提出的群智能算法，后续研究者做了大量的研究和改进。Shi 等最先在粒子群算法中引入了惯性权重因子，并提出惯性权重因子应随迭代次数线性递减[21]。Angeline 等在粒子群算法中引入了遗传算法的选择机制，提出了混合遗传粒子群算法[22]。Sun 等研究了粒子群中单个粒

子的量子行为，建立了基于量子 δ 势阱模型的粒子群优化算法[23]。Liu 等在粒子群算中引入自适应惯性权重因子，并引入了混沌效应，提出了混沌粒子群算法[24]。仿真结果表明混沌粒子群算法能有效地提高搜索效率，大大提高搜索精度。Jadoun 等在粒子速度上加入了正弦收缩因子[25]，并将改进算法应用到经济排放调度中，取得了较好的效果。

2.蚁群算法

蚁群算法(ant colony optimization，ACO)受蚂蚁寻找食物时总能沿着最短路径的启发，由 Dorigo 在 1992 年的博士论文中提出[26]。蚂蚁在觅食过程中，会在沿途释放出称为“信息素”的化学物质。其他蚂蚁会根据路径上信息素的浓度以一定概率选择该路径，并留下自己的信息素。最终，会形成一条信息素浓度较大的路径，即是最优路径。每个蚂蚁的简单行为，共同合力涌现出了群体的智能行为。蚂蚁觅食中的每一条路径可以看成是待求问题的一个可行解，而信息素与待求问题的目标函数成正比，非常适合于求解组合优化问题。蚁群算法和其它群智能算法一样，同样需要平衡探索(exploration)和挖掘(exploitation)之间的矛盾，即蚁群的“多样性”与“正反馈”之间的矛盾。蚁群的多样性过度，会导致随机性增强，收敛性不足。而正反馈过度，会导致蚁群早熟，过早的收敛到一个局部最优解。

蚁群算法自提出起就受到了广泛关注。Gambardella 等在蚁群算法中引入了局部搜索，并应用到二次规划中[27]。同时使用信息素对二次规划的解进行修正。实验结果表明，改进算法由于能够找到更优解的结构，在不规则与结构化问题中表现更好，而在规则与非结构化问题中表现较差。Merkle 等利用蚂蚁的两种信息素评价方法组合来寻找新的可行解，并引入了精英策略[28]。在一组项目调度的大型基准问题测试中，改进算法获得了较好的平均性能。Liao 等将蚁群算法(ACO)推广到了连续优化问题[29]，并在四类工程应用问题上取得了良好表现。陈月云等利用粒子群蚁群混合算法优化毫米波天线的设计[30]。

3.人工蜂群算法

人工蜂群算法(artificial bee colony，ABC)是模拟了蜜蜂的觅食行为而提出的一种智能优化方法[31]。人工蜂群分为雇佣蜂，旁观蜂以及侦察蜂三种。旁观蜂随机寻找花蜜源(目标函数值)并将蜜源信息分享给雇佣蜂;雇佣蜂根据旁观蜂舞蹈持续时间的长短择优选择蜜源;旁观蜂则转换成侦察蜂随机探索新蜜源。最终蜜蜂找到的最佳蜜源即是待求问题的最优解。

ABC 算法一经提出同样引起了广泛关注。Zhu 等引入了粒子群中的全局最优解到搜索方程中,以改进蜂群算法的挖掘精度,并在 6 个测试函数中的结果超越了原始 ABC 算法[32]。Liao 等在改进算法中使蜂群规模随时间增长,加入了局部搜索[33]。改进算法在 19 个标准测试函数上取得了较好的效果,相同的改进也提高了粒子群算法和蚁群算法的性能。Wang 等联合混沌理论和鲶鱼效应改进了人工蜂群算法[34],借助混沌序列的高随机性增强初始蜜蜂种群多样性,结合由混沌理论及鲶鱼效应衍生的混沌鲶鱼蜂对原蜂群造成的有效竞争协调机制,实现打破蜂群停滞局面,提高算法收敛性能的目的。高扬等提出了一种改进的人工蜂群算法来处理图像分割问题[35],通过全局学习与局部学习平衡了开发与探索过程,对图像进行了有效分割。

4.萤火虫算法

萤火虫算法(firefly algorithm,FA)是 Yang 根据萤火虫之间的趋光性而提出的一种群智能优化算法[36]。发光较强的萤火虫会吸引周围发光较弱的萤火虫,同时光的强度会随着距离的增大而减小。且每个萤火虫有自己的感知半径,若萤火虫感知不到更亮的萤火虫则做随机飞行。萤火虫的亮度对应着目标函数值,萤火虫的位置则对应着可行解。萤火虫趋向最亮萤火虫的过程,即完成了对待求函数的寻优过程。但该算法也存在求解精度不高,耗时较长等缺点。

因此,很多学者对萤火虫算法进行了改进。Chandrasekaran 等对萤火虫算法进行了二进制改造,并应用到电网可靠性问题中[37]。Fister 等提出用四元数来表示算法中的萤火虫个体,以提高算法性能,避免搜索过程中出现的任何停滞[38]。Niknam 等对萤火虫算法采用了自适应参数调整和变异策略,提升了执行效率和准确度[39]。

1.2.3 基于物理原理的元启发式算法

1.模拟退火算法

1983 年，Kirkpatrick 等研究了金属退火过程与组合优化问题的相似性后提出了模拟退火算法(simulated annealing，SA)[40]。金属的退火过程是指金属融化后缓慢降温逐渐冷却的过程，在冷却过程中需要在每一温度下都达到热平衡。模拟退火算法将待求问题的可行解看作是一个金属原子，将其所对应的目标函数值看作是金属原子的能量状态。原有可行解进行随机游走得到新的可行解，若新的可行解比原有的可行解好，则接受新的可行解；否则，遵循 Metropolis 准则以一定概率接受新的可行解。算法持续进行“产生新解—判断—接受/舍弃”的迭代过程就对应着固体在某一恒定温度下趋于热平衡的过程。可见，模拟退火算法实质是在贪婪算法的基础上引入了随机因素，因此在一定程度上有可能跳出局部最优，得到全局最优解。模拟退火算法是第一种受到物理原理启发而提出的元启发式优化算法。

模拟退火算法同样经历了大量的改进研究。如 Ingber 等引入了重复退火机制，可以更加适应在多维参数空间的寻优[41]，这种退火程序比快速柯西退火要快。Lin 等将遗传算法引入模拟退火以提高其性能[42]，该方法可看作是基于群体和遗传算子准平衡控制的模拟退火算法。Zolfaghari 等在模拟退火算法中引入了禁忌列表来求解组调度问题[43]。禁忌列表可避免重复计算之前搜索过的解，同时保留了模拟退火的随机性。Jeon 等在初始化阶段引入了混沌系统，并用混沌序列代替了高斯分布[44]，提高了算法的收敛性，提高了算法效率。

2.引力搜索算法

2009 年，Rashedi 等根据万有引力原理和牛顿二定律提出了引力搜索算法(gravitational search algorithm，GSA)[45]。在 GSA 中，所有决策变量对应的点看作是物理学中的质点，所对应的目标函数值看作是质点的质量。所有的质点由于万有引力作用而互相吸引，逐渐向质量较大的质点处运动。而质量较大的质点由于惯性作用比质量较小的质点运动更慢，因此质量大的质点可以进行细致挖掘，而质量小的质点进行的是广泛探索。

基本 GSA 算法的基本步骤如下：

Step 1 初始化。设定种群大小 N，引力常数初值 G_0，引力变化系数 α 和最大迭代次数 T。

Step 2 随机生成初始种群。对种群进行适应度评估，得到全局最优解的初值。

Step 3 进入循环。若迭代次数 $t<T$，继续，否则退出循环。

Step 4 计算个体质量。找出种群中的最好、最差个体适应值 $f_{\min}$ 和 $f_{\max}$，按照下式进行个体质量计算：$m_i(t)=\dfrac{f_i(t)-f_{\max}(t)}{f_{\min}(t)-f_{\max}(t)}$，$M_i(t)=\dfrac{m_i(t)}{\sum_{j=1}^{N}m_j(t)}$。

Step 5 计算引力常数：$G(t)=G_0\mathrm{e}^{-\alpha\frac{t}{T}}$。

Step6 计算相互间的引力：$F_{ij}^d(t)=G(t)\dfrac{M_{pi}(t)\times M_{aj}(t)}{R_{ij}(t)+\varepsilon}(x_j^d(t)-x_i^d(t))$。

其中：$R_{ij}(t)=\|x_i(t),x_j(t)\|_2$，上标 d 表示个体的第 d 个分量。

第 i 个质点所受合力为 $F_i^d(t)=\sum_{j=1,j\neq i}^{N}\mathrm{rand}_j\times F_{ij}^d(t)$。

Step 7 计算质点加速度，$a_i^d(t)=\dfrac{F_i^d(t)}{M_i(t)}$。

Step 8 质点速度更新，$v_i^d(t+1)=\mathrm{rand}\times v_i^d(t)+a_i^d(t)$。

Step 9 质点位置更新 $x_i^d(t+1)=x_i^d(t)+v_i^d(t+1)$，转 Step 3。

在 23 个基准函数测试实验中，引力搜索算法在大多数函数中得出了比传统的 GA 和 PSO 更好的结果。GSA 也得到了广泛改进和应用，如 Shaw 引入了相对数对引力搜索算法进行改进[46]。一个数的相对数定义为该数以可行域中点为中心的对称点。在初始化过程中，随机初始化点与其相对数择优作为初始化解，从而加速收敛，改进搜索结果。Rashedi 研究了该算法的二进制版本[47]。Li 等结合粒子群优化算法的搜索策略对 GSA 进行了改进[48]。Wang 等采用一次或多次随机的邻域搜索来提高 GSA 的性能，并讨论了引力常数对改进算法性能的影响[49]。23 个测试函数的实验验证了改进方法的有效性。张维平等通过引入反向学习策略,精英策略和边界变异策略[50],提高了引力算法的探索和挖掘能力,并在 6 个测试函数中表现了良好的优化性能。Singh 等结合了“当前最好”粒子的简单更新机制,对引力算法进行改进[51],23 个测试函数实验表明改进算法在搜索精度和收敛速度上均优于原始 GSA 算法。Khatibinia 等提出了一种基于改进的引力搜索算法(IGSA)和正交交叉法(OC)的混合方法[52],有效地求解出混凝土重力坝的最优形状。IGSA 和 OC 算子的混合可以提高 IGSA 方法的全局探索能力,提高收敛速度。

1.2.4 其他元启发算法

以上仅列出了比较有代表性的元启发式优化算法。据不完全统计,元启发式优化算法目前已经提出了超过 140 种之多。其他比较著名的算法还包括受文化进化过程启发提出的文化基因算法[53];模拟音乐演奏者即兴演奏的和声搜索算法[54];模拟细菌觅食行为的细菌觅食算法[55];基于某些布谷鸟的寄生繁殖行为的布谷鸟算法[56];根据蝙蝠的超声波特征提出的蝙蝠算法[57]以及灵感来自花粉授粉过程的花粉算法[58];来源于果蝇通过嗅觉和视觉进行觅食行为的果蝇优化算法[59];模拟狼群围捕猎物行为的狼群算法[60];为解决空中机器人路径规划问题的鸽子算法[61];模拟病毒在细胞中存活和繁殖时所采用的宿主细胞扩散和感染策略提出的病毒搜索算法[62];受浅水波动理论的启发提出了水波优化算法[63];灵感来自于搅拌流体时产生的涡流模式的涡流搜索算法[64];受银河系运动启发提出的银河优化算法[65];灵感源于能够在狩猎时操纵发出的声波频率和波长的动态虚拟蝙蝠算法[66];模拟了乌鸦藏匿食物,其他乌鸦追随寻找的乌鸦搜索算法[67];等等。

尽管当前设计出了很多元启发式算法,但大多数算法只能对某类特殊问题的优化效果较好,不存在一个算法能够在所有的优化问题上都取得更好的效果。元启发式算法设计和改进的关键在于平衡多样化探索和集中式挖掘之间的关系[68]。多样化探索允许算法在尽可能大的可行域内探索全局最优解,以避免陷入局部最优,但耗时较长,获得的最优解的精度较差。集中式挖掘则允许算法在某个区域使用累积的经验和搜索过程中的知识进行细致和深入的挖掘，从而更快、更准确的求出最优解，但挖掘也使得算法容易陷入局部最优。因此，如何平衡多样化探索和集中式挖掘之间的关系，为更多、更复杂的优化问题寻找更好、更稳定的算法便成了新的元启发式算法设计或对原有算法进行改进的目标[69]。

1.3 本书主要研究内容及组织结构

1.3.1 本书主要研究内容

本书受流体力学中伯努利原理以及机器学习中的核方法启发，提出了两种新的元启发式优化算法，并通过基准函数集测试以及实际工程应用验证了新算法的性能。本书主要研究了以下内容：

(1)在伯努利流体力学原理的启发下，提出了一种新的元启发式算法——流体搜索优化(FSO)算法。在伯努利原理中，流体自发地从高压区域流向低压区域，充满整个空间，这与求解最优值时在整个可行域空间搜索并逐步接近最优解的逆过程十分相似。因此，可将目标函数值定义为 FSO 中流体的压力，算法的优化过程模拟了流体从高压自发流向低压的逆过程，即在低压处速度较大，向着高压处逆向流动的过程中速度逐渐减小。在流体粒子的流动过程中，最终在最高压强处汇聚，到达目标函数的最优。FSO 算法结合函数优化过程，重新定义了流体的密度和压强，同时设计了扩散机制和指缩机制来平衡多样化探索和集中式挖掘之间的关系，尽可能提高了优化精度，使算法更加具有鲁棒性。

(2)受 FSO 的设计过程和支持向量机(SVM)中核方法(kernel trick)的启发，提出了另一种新的元启发式算法——核搜索优化算法(KSO)。由于所有的元启发式算法都是通过一个非线性的迭代过程来逐步逼近目标函数的最优解，这个非线性的搜索过程实质上是一个在更高维空间的线性递增(求最大值)或递减(求最小值)过程。而核方法可以将非线性的目标函数映射到具有更高维度的线性函数。因此，对非线性函数的优化过程可以通过核映射转化为对线性函数的优化过程。在转换过程中，通过核函数来近似拟合目标函数，核函数的最优值近似为目标函数的最优值。通过多次迭代，核函数的最优值越来越接近目标函数真正的最优值，近似模拟了更高维空间沿着"直线"的递增或递减过程，从而实现了对非线性函数最优值的搜索。

(3)将 FSO 算法与 KSO 算法分别应用到一个实际工程问题——经济排放调度问题中，通过不同的案例进一步验证了两种新的元启发算法的实用性。元启发式优化算法的一个典型应用便是电力系统经济排放调度问题(combined economic emission dispatch，CEED)。传统经济调度问题(economic dispatch，ED)的目标是在满足用户负荷需求下，最小化电厂的经济运行成本，并不考虑污染排放带来的环境成本。但是，随着公众环保意识的提高，不能只单独考虑燃料总成本，还需限制污染物的排放。因此，作为减少污染排放的短期替代方案，CEED 问题受到广泛关注。传统方法将 CEED 问题的综合成本假设为二次函数，并使用一些经典方法求解。但实际的成本函数同时具有某些非线性特征，导致了这些经典方法在现实系统应用中缺乏一定的可行性。因此，很多研究均集中于改进现有元启发式算法或提出新的算法来解决 CEED 问题。在这些研究中，即使是很微小的改进对环境保护和经济运行也是非常有现实意义的。因此，本书采用新提出的 FSO 算法和 KSO 算法分别应用到 CEED 问题求解中，通过权重加与法和罚函数法将 CEED 的带约束多目标优化问题转化为无约束单目标优化问题，进一步验证两种新算法在工程应用实践中的有效性。

(4)设计了一种用于基因选择的 FSO/SVM 框架，用以减少基因选择的数目，提高微阵列分类准确率。该框架通过引入角度调制公式对 FSO 进行了二进制改造，能够从微阵列数据集中选择相关特征基因，清除无关基因，并将基因选择与支持向量机参数优化综合考虑，有效简化了基因选择的过程。

本书提出的两种新元启发式算法，综合考虑了多样化探索和集中式挖掘之间的关系，提高了优化精度和鲁棒性。并在经济排放调度问题和基因选择实际应用中获得了较好的优化结果。KSO 算法在连续域 CEED 问题上具有更好的优化效果，其对电力系统约束条件的处理对应用于其他带约束优化问题尤其是电力优化问题有较好的借鉴意义；而 FSO 算法在基因选择上的良好表现，则为其他离散域问题的应用提供了参考。

1.3.2　本书的组织结构

全书共有五章组成，分别如下：

第一章主要介绍了最优化问题的定义，分类以及传统的求解方法及其不足，由此引出了元启发式算法的概念；并介绍了当前元启发式算法的分类和研究现状；最后介绍了本书的主要研究内容和组织结构。

第二章提出了一种新的元启发式优化算法——流体搜索优化算法。首先介绍了流体力学中的伯努利原理；然后在此原理的基础上，结合函数优化过程重新定义了流体力学中的相关概念，并设计了新算法的迭代搜索过程；最后采用基准函数测试验证了新算法的优化效果。

第三章在分析了其他元启发式算法运行机理的基础上推导了基于核映射的 KSO 算法原理；然后给出了 KSO 的算法流程；最后通过更大规模的基准函数测试实验，对 KSO 算法的性能进行了全面验证。

第四章首先介绍了经济排放调度问题的研究背景和现状；然后给出了经济排放调度问题的优化模型；最后采用不同的案例分别对 FSO 和 KSO 算法进行了实际应用的验证。

第五章总结了本书的研究成果与不足。

第二章 基于伯努利原理的流体搜索优化算法

粒子群优化算法提出后，涌现出了很多基于不同搜索策略的元启发式算法，广泛应用于解决各类复杂的优化问题，如模式识别[70]，交通规划，图像处理[72]，能量管理[73]，医学数据分类[74]等。这些复杂的优化问题很难用传统的数学方法解决。但是使用元启发式算法，能够在可容忍的时间内获得一个近似甚至最优的解决方案[75]。所有的元启发式优化算法都有一个相似的框架，都是一个迭代过程，它“通过智能地组合不同的概念来探索和挖掘搜索空间来引导和启发搜索过程，学习策略用于构建启发式信息以便有效地找到近乎最优的解决方案”[76]。

某些元启发式算法如SA，对可行域的搜索是从单个点开始，从而形成一个迭代序列。而大多数元启发式算法如群智能算法和演化算法等，则从多个初始点并行开始搜索。在大多数元启发式算法中，每个个体执行一系列特定操作并与其他个体共享其信息。虽然这些操作几乎都非常简单，但它们的集体效应“涌现”出了惊人的群体智能性。这些个体在每次迭代中一般都会包含三种操作来实现对可行域的探索和挖掘，即自适应，合作和竞争[45]。自适应是指每个个体根据搜索策略逐步改善其性能；合作是指个体间通过信息传递相互协作；竞争是指个体间相互竞争，适者生存。这些操作一般均源于自然现象的启发，通常是以随机的形式以不同的方式实现，并引导算法找到全局最优。这些受启发的灵感源没有任何特殊限制，可以源于自然界中的任何现象。

然而，虽然元启发式算法在很多问题上取得了令人满意的结果，但没有一种元启发式算法能够在所有优化问题上获得比其他算法更好的性能，即某些算法可以在一些问题上表现更好，但在另一些问题上则表现较差[77]。因此，设计新的高性能启发式算法成为了研究热点之一。本书受到伯努利原理的启发，通过引入流体力学中的相关概念来引导目标函数的寻优过程，提出了一种新的元启发式优化算法——流体搜索优化算法。

2.1　伯努利原理

伯努利原理由丹尼尔·伯努利在1738年的《流体动力学》中提出。该原理指出，理想流体在做定常运动时，速度增加的同时必然伴随流体静压强的减小，即流体在运动过程中，流体的总机械能保持不变。伯努利方程的基本形式如下：

$$p+\frac{1}{2}\rho v^2+\rho gh=p_0 \tag{2-1}$$

其中：p 为流体在某一点的压强，称为静压；ρ 为流体的密度；v 为流体在某一点的流动速度，$\frac{1}{2}\rho v^2$ 称为动压；g 为重力加速度，h 为高度；p_0 为常数，称为总压。

对于水平运动的流体，高度 h 恒为0，因此(2-1)式可简写为

$$p+\frac{1}{2}\rho v^2=p_0 \tag{2-2}$$

式(2-2)表明，流体在运动过程中，静压与动压之和恒为一个常数。流体在速度增加时，动压 $\frac{1}{2}\rho v^2$ 会增加，同时静压 p 会减少。流体的运动速度 v 只与静压 p 和其密度 ρ 有关。即在密度不变的情况下，如果流体的运动速度在增加，只能是流体从高压区域流向了低压区域；如果流体的运动速度在减少，也只能是流体从低压区域流向了高压区域。因此，在水平流动中，速度最大的点一定对应着静压最小的点，而速度最小的点一定对应着静压最大的点。流体自发地从高压区域流向低压区域的过程，非常类似元启发式算法在目标函数优化过程中的搜索过程。因此，受到以上流体运动原理的启发，根据式(2-2)提出一种新的元启发式算法。式(2-2)可以变形为

$$v=\sqrt{\frac{2(p_0-p)}{\rho}} \tag{2-3}$$

则流体粒子的新位置可以由下式得出：

$$X_{\text{new}}=X_{\text{old}}+v \tag{2-4}$$

其中：X_{new}代表流体粒子在迭代过程中的新位置，X_{old}为流体粒子的当前位置。

因此，可以将流体在某一点的静压强 p 设定为适应度函数值，流体在某一点的静压强 p 越大，流动速度 v 越小。流体粒子的寻优过程可以看成是流体自发的从高压区域向低压区域流动的逆过程，即在低压处速度较大，向着高压处逆向流动的过程中速度逐渐减小。在流体粒子的流动过程中，最终在最高压强处汇聚，到达目标函数的最优点，完成整个寻优过程，达到寻找到最优函数值的目的。

2.2 流体搜索优化算法

为了实现基于式(2-4)的流体迭代寻优过程，需要结合函数的优化过程对式(2-3)中涉及到的静压强 p，粒子密度 ρ 以及速度 v 重新定义。

2.2.1 静压强 p 的定义

考虑 n 个粒子所在位置 $X_i(i=1,2,\cdots,n)$，所要优化的目标函数为 $y=f(x)$，其对应的目标函数值分别为 y_i，其中 n 个粒子所对应的函数值中最优为 y_{best}，最差为 y_{worst}。为了避免不同函数对算法性能的影响，增强算法的鲁棒性，对函数值进行归一化后确定粒子静压强 p_i 的值，即 $p_i=\dfrac{y_{\text{worst}}-y_i}{y_{\text{worst}}-y_{\text{best}}}$，$p_i$ 的取值范围为[0,1]。因此 p_0的取值恒为 1。

2.2.2 粒子密度 ρ 的定义

在流体搜索优化算法中，粒子的密度定义为粒子所在单元格内其他粒子的数目。如图 2-1 所示，设单元格边长为 l，D 维超立方体内包含的粒子数目为 m，以红色标记，则粒子密度可定义为 $\rho=m/l^D$。

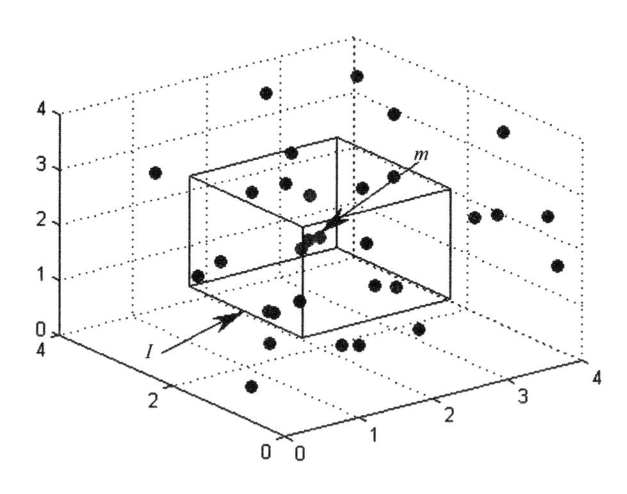

图 2-1　流体密度的定义

2.2.3　粒子运动的方向

由公式(2.3)可以求出粒子运动的速度大小，但并没有给出速度的方向。在流体力学中，当前粒子的运动方向应为其他所有粒子共同作用的结果。因此，当前粒子的运动方向可定义为其他所有粒子对该粒子所产生的压强的矢量和。而压强本身没有方向，可用两个粒子的位置矢量作差求得。但为了消除粒子距离的影响，需要对粒子的距离进行归一化。同时，为了算法的收敛，在方向中加入最优粒子方向矢量的两倍，引导所有流体粒子流向最优粒子。由此，第 i 个流体粒子的运动方向可定义为

$$\boldsymbol{P}_i=\sum_{j=1,j\neq i}^{n}\text{rand}\cdot p_j\frac{(X_j-X_i)}{|(X_j-X_i)|_2}+\text{rand}\cdot p_{\text{best}}\frac{(X_{\text{best}}-X_i)}{|(X_{\text{best}}-X_i)|_2}\times 2 \tag{2-5}$$

需要注意的是，$\boldsymbol{P}_i$ 为矢量，不是标量。同时考虑到流体的惯性作用，需要加入当前粒子在上一次迭代过程中的方向矢量。如图 2-2 所示。

$$\text{Newdirection}=w\cdot\text{lastdirection}+\frac{\boldsymbol{P}_i}{|\boldsymbol{P}_i|_2} \tag{2-6}$$

其中：w 为惯性因子。

由此，在对式(2-3)中涉及到的静压强 p，粒子密度 ρ 以及速度 v 重新定义的基础上，具体的流体搜索算法可设计如下：

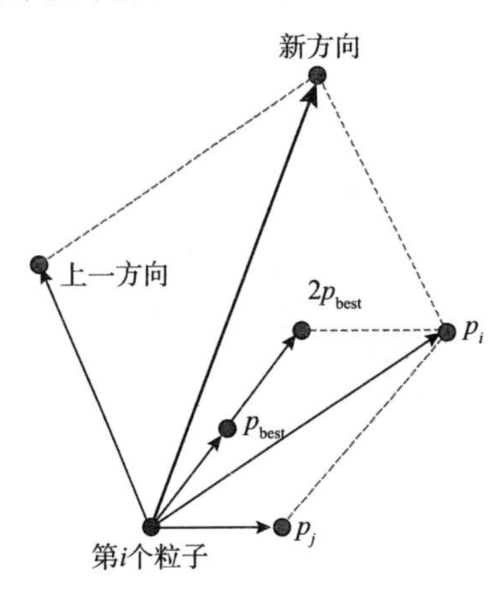

图 2-2 流体粒子运动方向的计算

Step 1 随机初始化 n 个粒子的位置 X_i，初始化速度 $V_i=0$，速度方向 direction=0，初始化密度 ρ_i 和常量 p_0 均为 1，$(i=1,2,\cdots,n)$。

Step 2，根据 X_i 求出每个粒子对应的目标函数值 y_i，更新最优值 y_{best}，X_{best}以及最差值 y_{worst}，根据密度公式 $\rho=m/l^D$ 计算单元格 l 内其他粒子的数目即流体密度值 ρ_i。

Step 3，对函数值 y_i 进行归一化，计算每个粒子对应的压强值 $p_i=\dfrac{y_{\text{worst}}-y_i}{y_{\text{worst}}-y_{\text{best}}}$。

Step 4，根据其他粒子的位置 $X_j(j\neq i)$及相应压强 p_j，由式(2.5)求出其他粒子对当前粒子 X_i 的压强矢量和，再加上粒子上一次迭代过程中的惯性矢量可求出速度的单位矢量方向 direction $=w\cdot$ direction $+\boldsymbol{P}_i/|\boldsymbol{P}_i|_2$。

Step 5，根据伯努利方程，求出每个粒子的速度 $v_i=\sqrt{\dfrac{2(p_0-p_i)}{\rho_i}}$，并根据 Step 4 中求出的速度方向，相乘即得新速度矢量 $\mathbf{V}_i=$direction $\cdot\, v_i\cdot$ rand。

Step 6，由 $X_{i+1}=X_i+\mathbf{V}_i$ 更新粒子位置，当迭代次数 $t\leqslant$最大迭代次数 M 时，跳转到 Step 2，否则，终止迭代，输出结果。

以上为原始的流体搜索优化算法，命名为 FSO1。但原始的算法经常在寻优过程中陷入局部最优,流体粒子过早地聚集在一起,因此在优化算法中引入压缩气体的扩散机制。即当粒子密度超过粒子总数的一定比例 θ 时,重新对该粒子进行随机初始化,犹如气体压缩过密后重新扩散开一样,以增强粒子的多样化探索能力,原始算法结合扩散机制后的流体优化算法命名为 FSO2。同时为了加快搜索速度,提高搜索精度,实行两阶段的寻优机制。即第一阶段的多样化探索和第二阶段的集中式挖掘。当寻优过程达到一定迭代次数 M' 之后进行集中式细致搜索,将搜索范围缩小为当前最优值的附近区域,并将单元格的边长按照指数缩小(指缩机制),以进行快速精细搜索,即 $l = l \cdot e^{(M'-t)/\sigma}$,$\sigma$ 可按搜索精度进行设置。原始算法 FSO1 结合指缩机制后的流体优化算法命名为 FSO3。原始算法 FSO1 同时结合扩散机制与指缩机制后的优化算法命名为 FSO4。流体搜索优化算法(FSO4)流程图如图 2-3 所示。

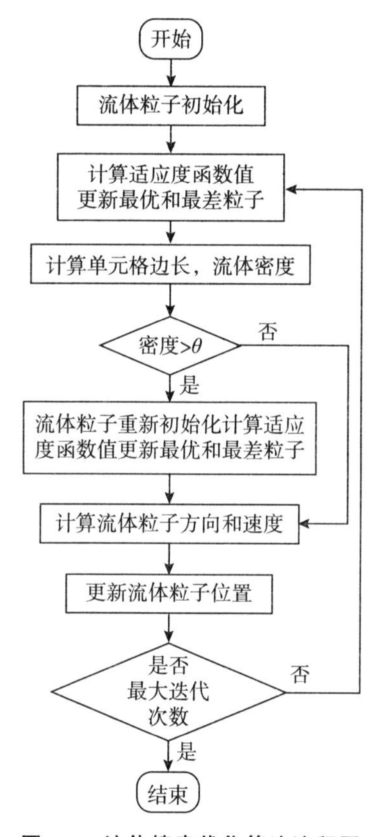

图 2-3　流体搜索优化算法流程图

首先,进行流体粒子的初始化,随机分布于可行域内;然后计算适应度函数值,单元格边长和密度,并选出最优和最差的流体粒子。接着根据流体粒子是否过密来对粒子进行重新初始化,即扩散过程;最后计算流体粒子的新位置,进入下一次迭代过程。

为了直观验证流体优化算法的初步效果,选取了常用的二维测试函数——Peak 函数进行测试。Peak 函数形如

$$y = X_1 e^{-(X_1^2+X_2^2)}$$

在本例中,流体搜索优化算法选择了原始的流体优化算法 FSO1,并设置了 30 个粒子迭代 100 次进行寻优,其中前 70 次为多样化探索,后 30 次为集中式挖掘,迭代后得到的 Peak 函数的 3D 等高线图如图 2-4 所示。图 2-5(a—d)分别展示了流体粒子在迭代 1 次,50 次,75 次和 100 次时的位置分布。其中红色实心点表示各流体粒子所在位置,红色星号表示当前迭代中粒子所找到的最优位置。可以看到,在算法迭代 1 次时,流体粒子们随机的分布在可行域空间;在迭代 50 次后大部分粒子已经趋向于左侧寻优,虽已找到最优位置,但仍然在大范围进行多样化搜索,这也说明了流体粒子在压强的作用下自发地由低压向高压逆向流动的过程;而在迭代 75 次后,粒子们快速收敛聚合到一起,进行集中式搜索,并大致沿着等高线密集的方向,即梯度最大的方向寻找最优值;在迭代 100 次后,粒子通过精细搜索到达全局最优值。在整个迭代过程中,粒子逐渐向最优值靠拢,兼顾了粒子多样化探索和集中式挖掘的平衡。

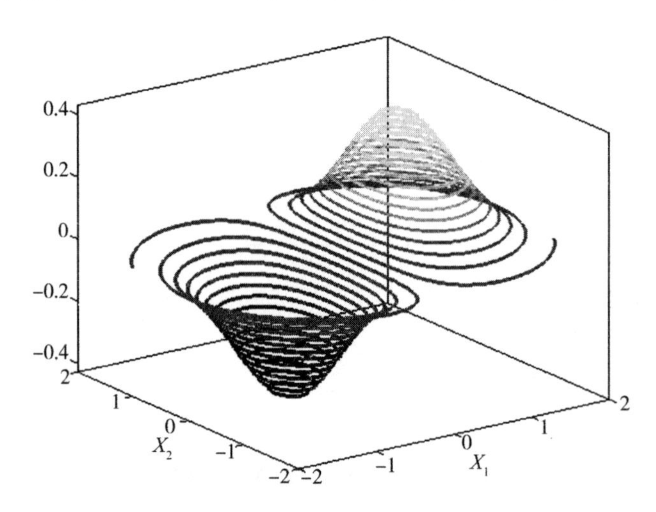

图 2-4 Peak 函数的 3D 等高线图

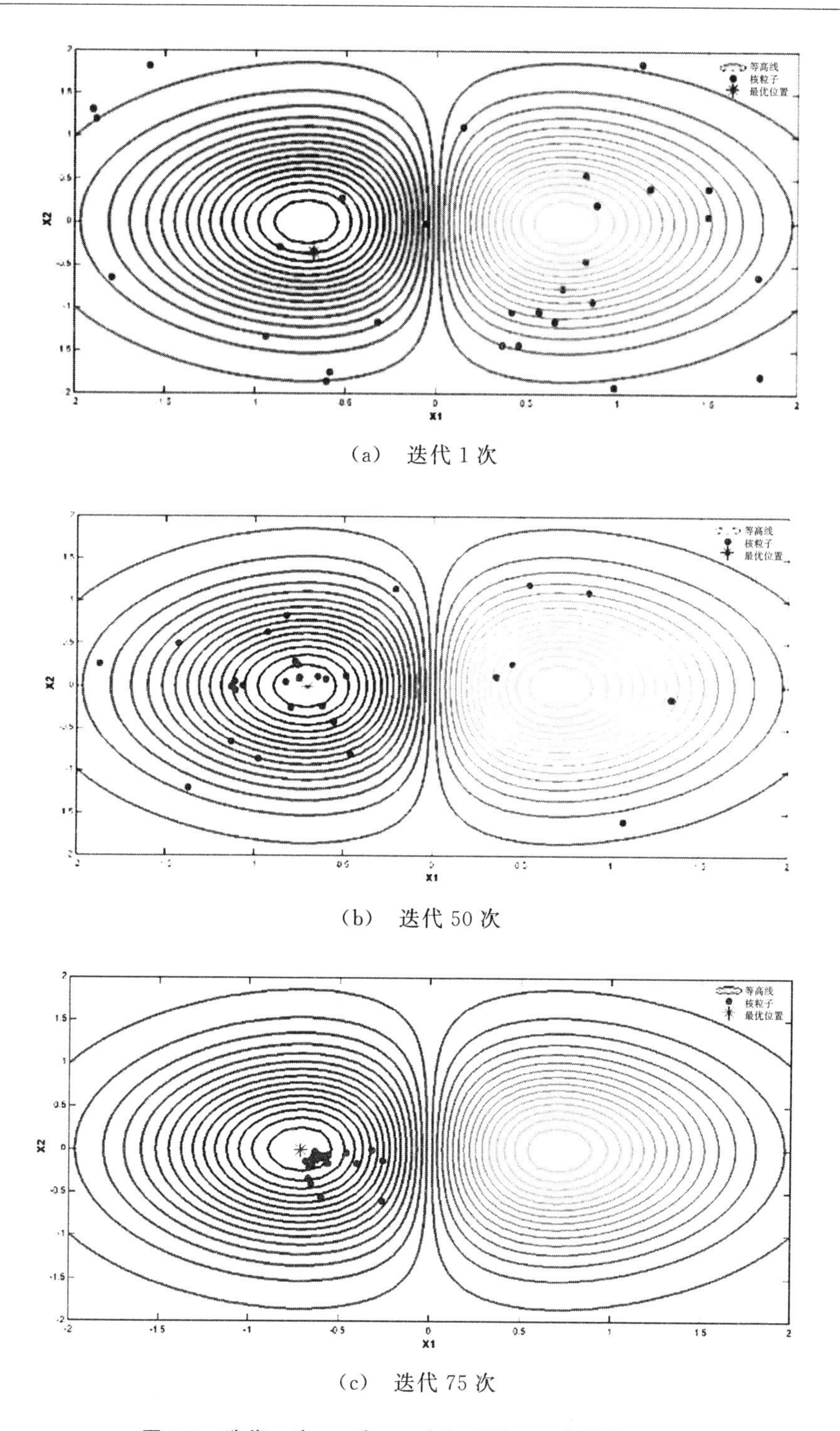

(a)　迭代 1 次

(b)　迭代 50 次

(c)　迭代 75 次

图 2-5　迭代 1 次,50 次,75 次和以及 100 次的粒子位置

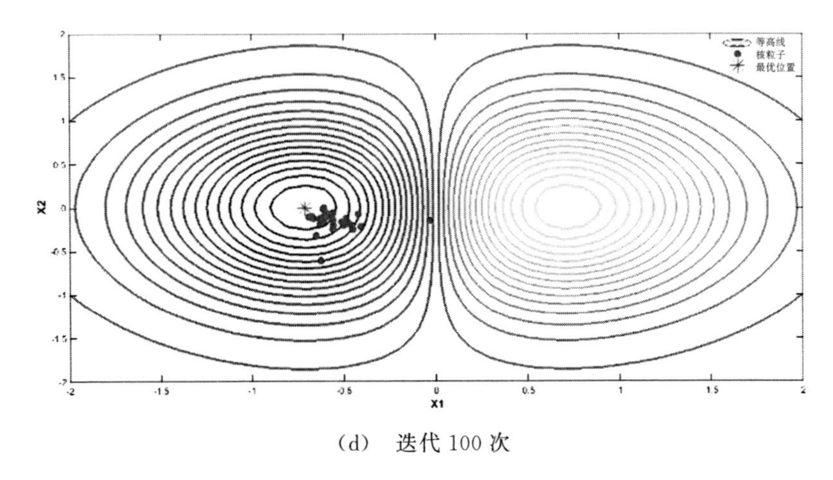

(d) 迭代 100 次

图 2-5 迭代 1 次,50 次,75 次和以及 100 次的粒子位置(续)

2.3 实验结果

2.3.1 基准测试函数

为了验证流体优化算法的有效性,选取了相关研究中[45,49,51,78,79,80]曾普遍使用过的 23 个基准测试函数进行实验,见表 2-1。这些测试函数包含了各种实际应用中的典型问题,有高维和低维函数,单峰和多峰函数,可分离变量和不可分离变量的函数。单峰函数是指在可行域内只有一个极值点的函数,而多峰函数是指在可行域内具有多个局部最优值的函数。多峰函数可以更好地测试优化算法跳出局部最优值的能力。如果优化算法的探索能力不强,将更容易陷入对局部最优点的挖掘,而错过找到全局最优点。测试函数集中 U 代表单峰函数,M 代表多峰函数,S 代表可分离变量的函数,N 代表不可分离变量的函数。其中 $F_1 \sim F_7$ 为高维单峰函数,$F_8 \sim F_{13}$ 为高维多峰函数,$F_{14} \sim F_{23}$ 为低维多峰函数。

表 2-1　基准测试函数集($n=30$)

函数名称	函数体	可行域	类型
Sphere	$F_1(X)=\sum_{i=1}^{n}x_i^2$	$[-100,100]^n$	US
Schwefel 2.22	$F_2(X)=\sum_{i=1}^{n}\lvert x_i\rvert+\prod_{i=1}^{n}\lvert x_i\rvert$	$[-10,10]^n$	UN
Schwefel 1.2	$F_3(X)=\sum_{i=1}^{n}(\sum_{j=1}^{i}x_j)^2$	$[-100,100]^n$	UN
Schwefel 2.21	$F_4(X)=\max_i\{\lvert x_i\rvert,1\leqslant i\leqslant n\}$	$[-100,100]^n$	UN
Rosenbrock	$F_5(X)=\sum_{i=1}^{n-1}[100(x_{i+1}-x_i^2)^2+(x_i-1)^2]$	$[-30,30]^n$	UN
Step	$F_6(X)=\sum_{i=1}^{n}(\lfloor x_i+0.5\rfloor)^2$	$[-100,100]^n$	US
Quartic	$F_7(X)=\sum_{i=1}^{n}ix_i^4+\mathrm{random}[0,1)$	$[-1.28,1.28]^n$	US
Schwefel 2.26	$F_8(X)=\sum_{i=1}^{n}-x_i\sin(\sqrt{\lvert x_i\rvert})$	$[-500,500]^n$	MS
Rastrigin	$F_9(X)=\sum_{i=1}^{n}[x_i^2-10\cos(2\pi x_i)+10]$	$[-5.12,5.12]^n$	MS
Ackley	$F_{10}(X)=-20\exp\left(-0.2\sqrt{\frac{1}{n}\sum_{i=1}^{n}x_i^2}\right)-\exp\left(\frac{1}{n}\sum_{i=1}^{n}\cos(2\pi x_i)\right)+20+\mathrm{e}$	$[-32,32]^n$	MN
Griewank	$F_{11}(X)=\frac{1}{4000}\sum_{i=1}^{n}x_i^2-\prod_{i=1}^{n}\cos\left(\frac{x_i}{\sqrt{i}}\right)+1$		
Penalized	$F_{12}(X)=\frac{\pi}{n}\left\{\sum_{i=1}^{n}(y_i-1)^2[1+10\sin^2(\pi y_{i+1})]+10\sin(\pi y_1)+(y_n-1)^2\right\}+\sum_{i=1}^{n}u(x_i,10,100,4)$ $y_i=1+\frac{x_i+1}{4}$ $u(x_i,a,k,m)=\begin{cases}k(x_i-a)^m & x_i>a\\0 & -a<x_i<a\\k(-x_i-a)^m & x_i<a\end{cases}$	$[-600,600]^n$ $[-50,50]^n$	MN MN

续表

函数名称	函数体	可行域	类型
Penalized 2	$F_{13}(X)=\sum_{i=1}^{n}u(x_i,5,100,4)+0.1\{\sin^2(3\pi x_1)+(x_n-1)^2[1+\sin^2(2\pi x_n)]+\sum_{i=1}^{n}(x_i-1)^2[1+\sin^2(3\pi x_i+1)]\}$	$[-50,50]^n$	MN
Foxholes	$F_{14}(X)=\left(\frac{1}{500}+\sum_{j=1}^{25}\frac{1}{j+\sum_{i=1}^{2}(x_i-a_{ij})^6}\right)^{-1}$ $a_{ij}=\begin{pmatrix}-32,-16,0,16,32,-32,\cdots,0,16,32\\-32,-32,-32,-32,-16,\cdots,32,32\end{pmatrix}$	$[-65.5,65.5]^2$	MS
Kowalik	$F_{15}=\sum_{i=1}^{11}\left[a_i-\frac{x_1(b_i^2+b_ix_2)}{b_i^2+b_ix_3+x_4}\right]^2$ $a_i=\{0.195\ 7,0.194\ 7,0.173\ 5,0.16,0.084\ 4,0.062\ 7,0.045\ 6,0.034\ 2,0.032\ 3,0.023\ 5,0.024\ 6\}$ $b_i^{-1}=\{0.25,0.5,1,2,4,6,8,10,12,14,16\}$	$[-5,5]^4$	MN
Six Hump Camel Back	$F_{16}(X)=4x_1^2-2.1x_1^4+\frac{1}{3}x_1^6+x_1x_2-4x_2^2+4x_2^4$	$[-5,5]^2$	MN
Branin	$F_{17}(X)=\left(x_2-\frac{5.1}{4\pi^2}+\frac{5}{\pi}x_1-6\right)^2+10\left(1-\frac{1}{8\pi}\right)\cos x_1+10$	$[-5,15]^2$	MS
GoldStein Price	$F_{18}(X)=[1+(19-14x_1+3x_1^2-14x_2+6x_1x_2+3x_2^2)\times(x_1+x_2+1)^2]\times[30+(2x_1-3x_2)^2\times(18-32x_1+12x_1^2+48x_2-36x_1x_2+27x_2^2)]$	$[-5,5]^2$	MN

续表

函数名称	函数体	可行域	类型
Hartman 3	$F_{19}(X) = -\sum_{i=1}^{4} c_i \exp\left(-\sum_{j=1}^{3} a_{ij}(x_j - p_{ij})^2\right)$ $c_i = \{1,1.2,3,3.2\} \quad a_{ij} = \begin{pmatrix} 3,10,30 \\ 0.1,10,35 \\ 3,10,30 \\ 0.1,10,30 \end{pmatrix}$ $p_{ij} = \begin{pmatrix} 0.368\ 9,0.117,0.267\ 3 \\ 0.469\ 9,0.438\ 7,0.747 \\ 0.109\ 1,0.873\ 2,0.554\ 7 \\ 0.038\ 15,0.574\ 3,0.882\ 8 \end{pmatrix}$	$[0,1]^3$	MN
Hartman 6	$F_{20}(X) = -\sum_{i=1}^{4} c_i \exp\left(-\sum_{j=1}^{6} a_{ij}(x_j - p_{ij})^2\right)$ $p_{ij} = \begin{pmatrix} 0.131\ 2,0.169\ 6,0.556\ 9,0.012\ 4,0.828\ 3,0.588\ 6 \\ 0.232\ 9,0.413\ 5,0.830\ 7,0.373\ 6,0.100\ 4,0.999\ 1 \\ 0.234\ 8,0.141\ 5,0.352\ 2,0.288\ 3,0.304\ 7,0.665\ 0 \\ 0.404\ 7,0.882\ 8,0.873\ 2,0.574\ 3,0.109\ 1,0.038\ 1 \end{pmatrix}$ $a_{ij} = \begin{pmatrix} 10,3,17,3.5,1.7,8 \\ 0.05,10,17,0.1,8,14 \\ 3,3.5,1.7,10,17,8 \\ 17,8,0.05,10,0.1,14 \end{pmatrix}$	$[0,1]^6$	MN
Shekel 5	$F_{21}(X) = -\sum_{i=1}^{5} [(X-a_i)(X-a_i)^T + c_i]^{-1}$ $a_{ij}^T = \begin{pmatrix} 4,1,8,6,3,2,5,8,6,7 \\ 4,1,8,6,7,9,5,1,2,3.6 \\ 4,1,8,6,3,2,3,8,6,7 \\ 4,1,8,6,7,9,3,1,2,3.6 \end{pmatrix}$ $c_i = \{0.1,0.2,0.2,0.4,0.4,0.6,0.3,0.7,0.5,0.5\}$	$[0,10]^4$	MN
Shekel 7	$F_{22}(X) = -\sum_{i=1}^{7} [(X-a_i)(X-a_i)^T + c_i]^{-1}$ a_{ij} & c_i as F_{21}	$[0,10]^4$	MN

续表

函数名称	函数体	可行域	类型
Shekel 10	$F_{23}(X) = -\sum_{i=1}^{10}[(X-a_i)(X-a_i)^T + c_i]^{-1}$ a_{ij} & c_i as F_{21}	$[0,10]^4$	MN

2.3.2 流体搜索优化算法测试实验

在流体搜索优化算法测试实验中，4 种流体优化算法（FSO1，FSO2，FSO3，FSO4）对 23 个基准函数进行了极值求解。实验环境采用英特尔 2.4G CPU E5－2665 和 32GB 内存，软件采用 Win7 Matlab 2014b 版本。所有算法粒子数 $N=50$，迭代次数 $M=1\ 000$，密度极限比例 $\theta=20\%$，多样化搜索比例 $M'=0.7$，惯性因子 $w=0.6$，搜索精度参数 $\sigma=46$。为了削弱流体优化算法中随机性带来的影响，所有算法均运行 30 次。30 次结果的平均值，最优结果和方差见表 2-2，其中最好结果使用加粗标注。

表 2-2　四种流体算法 benchmark 函数测试结果

函数	理论值		FSO1	FSO2	FSO3	FSO4
F_1	0	均值	39.197 9	0.700 3	18.504 6	**7.01E－05**
		最优	3.240 7	0.189 3	2.918 2	**2.51E－05**
		方差	469.030 5	0.268 7	70.838 7	**1.59E－08**
F_2	0	均值	3.427 0	4.674 8	2.369 6	**0.227 0**
		最优	1.524 6	3.467 4	1.004 8	**0.124 1**
		方差	1.724 1	0.693 8	0.735 6	**2.87E－03**
F_3	0	均值	219.291 7	6.981 0	104.053 5	**1.995 7**
		最优	62.580 2	2.796 6	34.449 0	**0.427 4**
		方差	8 413.354	6.281 0	2 300.593	**2.189 8**
F_4	0	均值	0.647 1	**0.436 4**	0.809 6	0.557 7
		最优	0.206 1	0.298 7	0.333 5	**0.202 1**
		方差	0.056 30	**9.57E－03**	0.134 3	0.051 17
F_5	0	均值	2 347.326	114.415 9	842.150 6	**28.258 7**
		最优	176.283 6	58.058 9	142.480 8	**26.071 9**
		方差	3.83E06	1.89E03	1.11E06	**0.355 4**

续表

函数	理论值		FSO1	FSO2	FSO3	FSO4
F_6	0	均值	59.866 7	**0**	23.833 3	**0**
		最优	16	**0**	5	**0**
		方差	858.671 3	**0**	162.143 7	**0**
F_7	0	均值	8.17E−03	0.238 53	**3.14E−03**	3.91E−03
		最优	1.51E−03	0.089 24	**1.17E−03**	1.27E−03
		方差	4.61E−05	0.014 30	**2.32E−06**	1.67E−05
F_8	−1.26E+04	均值	−4.38E03	−4.35E03	**−4.45E03**	−4.35E03
		最优	−5.49E03	−5.20E03	−5.35E03	**−5.37E03**
		方差	1.93E05	1.66E05	2.29E05	**2.37E05**
F_9	0	均值	22.268 4	91.643 1	22.040 4	**8.86E−03**
		最优	9.111 5	39.513 2	3.063 6	**4.33E−03**
		方差	95.740 6	811.306 3	92.260 1	**8.28E−06**
F_{10}	0	均值	1.651 0	0.826 2	1.607 7	**0.178 4**
		最优	0.343 4	0.402 0	0.406 6	**0.0697 3**
		方差	0.655 3	0.045 17	0.558 0	**4.58E−03**
F_{11}	0	均值	1.084 3	0.046 64	1.097 0	**2.02E−03**
		最优	0.875 3	0.017 49	0.704 6	**1.49E−04**
		方差	5.56E−03	4.03E−03	0.014 845	**1.21E−05**
F_{12}	0	均值	1.438 8	0.014 71	1.087 2	**2.12E−04**
		最优	0.090 78	4.15E−03	0.110 4	**1.83E−05**
		方差	0.416 0	4.03E−04	0.564 1	**2.60E−08**
F_{13}	0	均值	15.686 9	0.297 6	2.492 9	**1.15E−03**
		最优	1.634 8	0.041 90	0.416 3	**4.53E−05**
		方差	50.095 5	0.056 44	2.122 8	**8.41E−06**
F_{14}	0.998	均值	**0.998**	**0.998**	**0.998**	**0.998**
		最优	**0.998**	**0.998**	**0.998**	**0.998**
		方差	4.78E−15	5.13E−15	5.86E−16	**1.20E−16**
F_{15}	3.07E−04	均值	7.8E−04	7.79E−04	**5.9E−04**	6.23E−04
		最优	**3.09E−04**	3.11E−04	3.18E−04	3.12E−04
		方差	4.98E−07	2.24E−07	6.86E−08	**6.59E−08**
F_{16}	−1.0316	均值	**−1.031 6**	**−1.031 6**	**−1.031 6**	**−1.031 6**
		最优	**−1.031 6**	**−1.031 6**	**−1.031 6**	**−1.031 6**
		方差	3.91E−31	5.69E−15	**3.06E−31**	1.03E−14
F_{17}	0.397 9	均值	**0.397 9**	**0.397 9**	**0.397 9**	**0.397 9**
		最优	**0.397 9**	**0.397 9**	**0.397 9**	**0.397 9**
		方差	5.82E−15	6.93E−14	1.07E−10	**3.20E−14**

续表

函数	理论值		FSO1	FSO2	FSO3	FSO4
F_{18}	3	均值	**3.00**	**3.00**	**3.00**	**3.00**
		最优	**3.00**	**3.00**	**3.00**	**3.00**
		方差	2.19E−30	1.57E−11	**1.39E−30**	1.26E−11
F_{19}	−3.862 8	均值	**−3.862 8**	**−3.862 68**	**−3.862 8**	**−3.862 8**
		最优	**−3.862 8**	**−3.862 8**	**−3.862 8**	**−3.862 8**
		方差	3.18E−12	6.53E−09	**2.94E−12**	5.45E−09
F_{20}	−3.32	均值	−3.286 2	−3.276 7	**−3.301 9**	−3.286 1
		最优	**−3.32**	**−3.32**	**−3.32**	**−3.32**
		方差	3.10E−03	3.65E−03	**2.08E−03**	3.69E−03
F_{21}	−10.1532	均值	−9.465 9	−9.307 8	−9.283 3	**−9.641 6**
		最优	**−10.153 2**	**−10.152 7**	**−10.153 2**	**−10.153 2**
		方差	**3.045 1**	3.662 4	3.644 3	3.635 7
F_{22}	−10.402 9	均值	−10.041 7	**−10.390 9**	−10.215	−10.220 5
		最优	**−10.402 9**	−10.402 8	**−10.402 9**	**−10.402 9**
		方差	1.800 4	**1.6E−03**	0.924 9	0.924 27
F_{23}	−10.536 4	均值	−10.521 8	−10.322 8	−10.530 8	**−10.533 3**
		最优	**−10.536 4**	−10.536 1	**−10.536 4**	**−10.536 4**
		方差	3.28E−03	0.976 9	5.61E−04	**2.74E−04**

从表 2-2 中可以看出，这四种 FSO 算法在绝大多数高维度函数(除了 F_4，F_7 和 F_8) 测试中，同时引入了扩散机制和指缩机制的 *FSO*4 算法无论在均值，最优结果和方差上均明显比其他三种算法取得了更好的结果，而 F_4，F_7 和 F_8 的结果也与最好结果很接近。同时，FSO4 较小的方差值也说明了其具有更好的鲁棒性。在所有低维度函数 ($F_{14} \sim F_{23}$) 测试中，四种 FSO 算法均搜索到了理论最优值或者是接近理论最优值，均展现出良好的低维搜索能力。

图 2-6 给出了这 4 种 FSO 算法迭代过程中的细节。可以看出，大多数函数测试过程中，4 种 FSO 算法均在迭代次数为 700 次时出现了拐点，这是引入集中式挖掘的结果。尤其在高维函数 F_1，$F_3 \sim F_6$，$F_{10} \sim F_{13}$ 中，FSO2 的迭代曲线仅次于 FSO4，优于原始算法 FSO1，说明了扩散机制的引入确实增加了流体粒子的多样性，能够提高最优值的搜索精度。同时，FSO3 与 FSO1 的迭代曲线则差别不大，但同样引入指缩机制的 FSO4 的迭代曲线却明显优于 FSO1 和 FSO2。可见，指缩机制需要以扩散机制为前提，有利于多样化探

索,否则将如 FSO3 一样,更偏于集中式挖掘,容易陷入局部最优。扩散机制为后续的集中式挖掘奠定了种群多样化基础,指缩机制则为提高最优结果精度提供了有力保障。扩散机制与指缩机制的结合使得 FSO4 算法能够取得更好的搜索结果。因此,本书提出的流体搜索优化算法以 FSO4 算法为准。

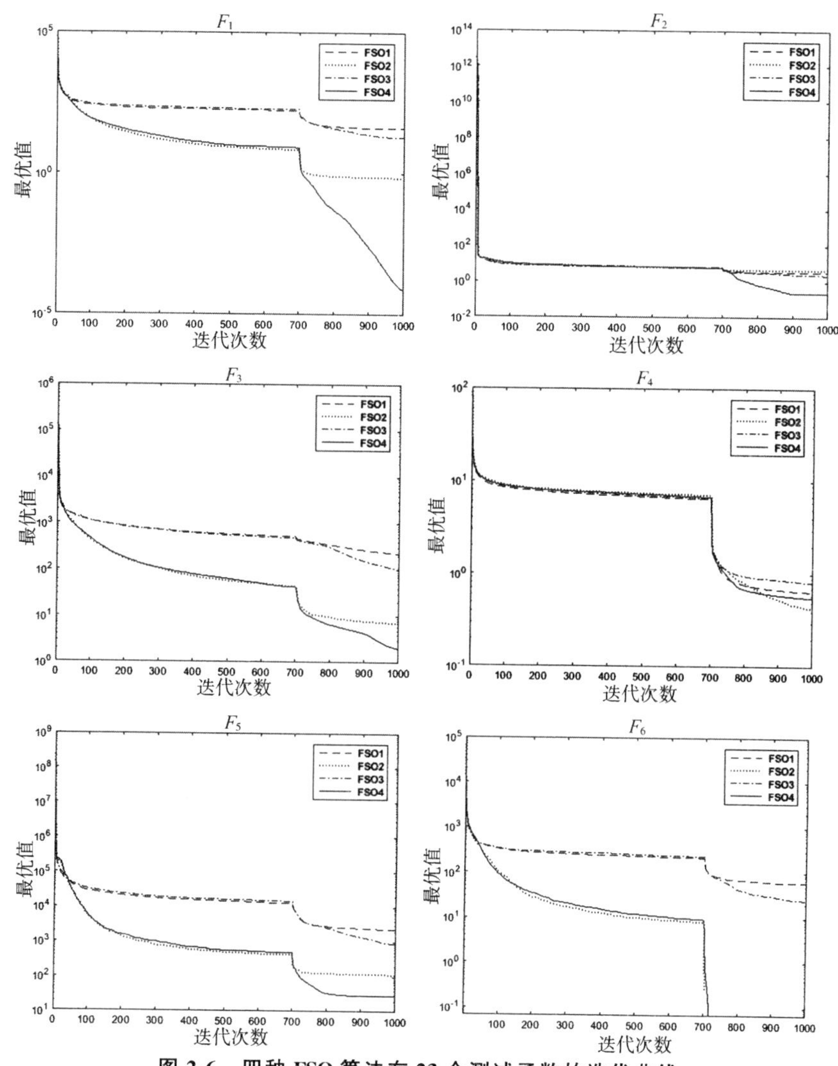

图 2-6　四种 FSO 算法在 23 个测试函数的迭代曲线

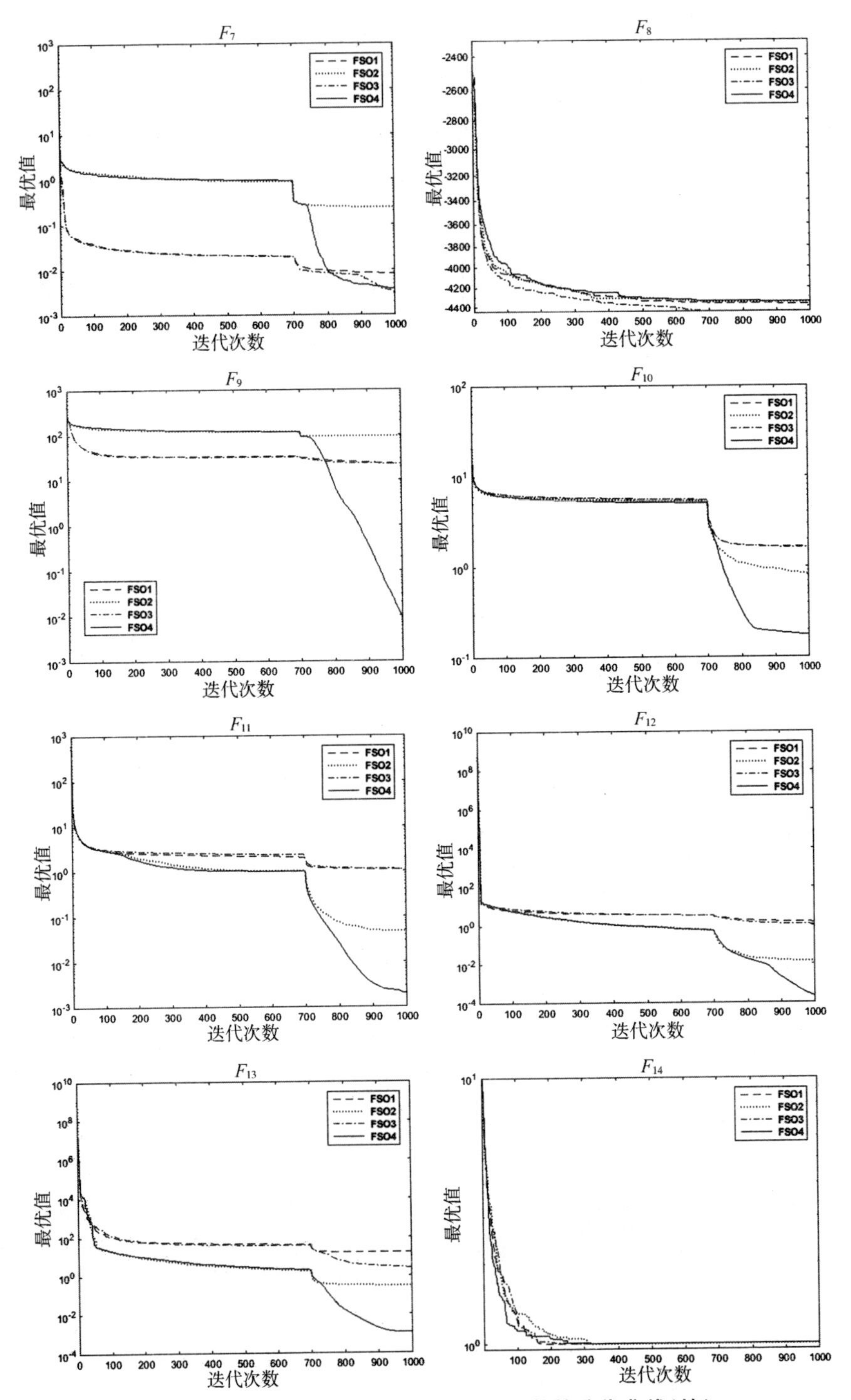

图 2-6　四种 FSO 算法在 23 个测试函数的迭代曲线(续)

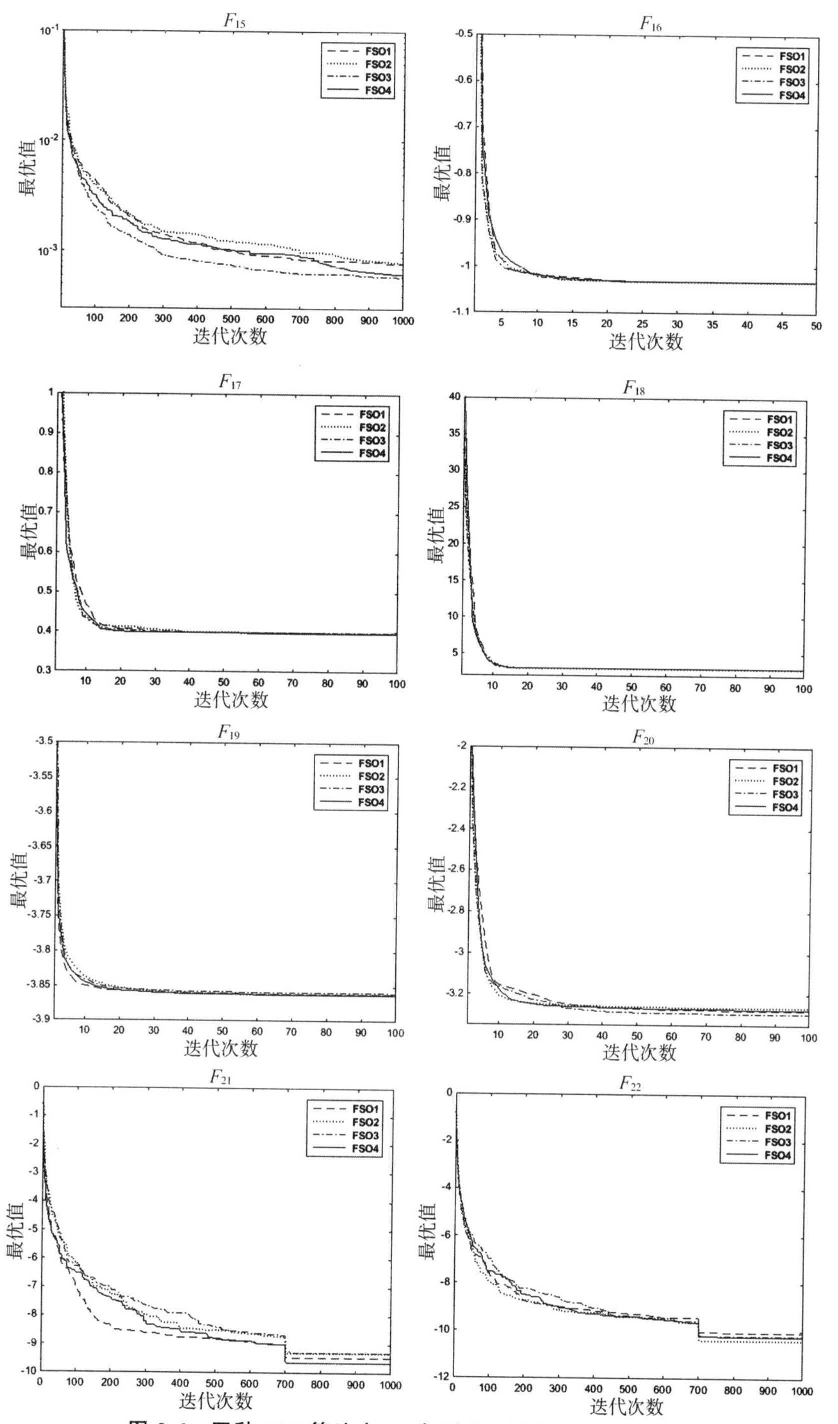

图 2-6　四种 FSO 算法在 23 个测试函数的迭代曲线(续)

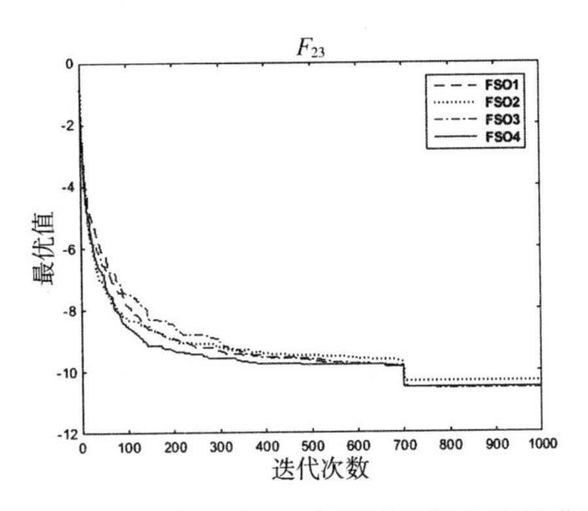

图 2-6　四种 FSO 算法在 23 个测试函数的迭代曲线(续)

2.3.3　流体搜索优化算法与其他算法的对比实验

为了进一步验证本书所提 FSO 算法的搜索效果,实验选取了元启发式优化算法中比较流行的遗传算法(GA),粒子群算法(PSO),引力搜索算法(GSA)以及萤火虫算法(FA)作对比。所有算法种群规模取 $N=50$,迭代次数 $M=1000$。最后结果取 30 次运行的平均值。粒子群算法中,$c_1=c_2=2$,惯性因子 w 从 0.9 线性递减至 0.2。遗传算法采用了文献[81]中介绍的交叉,变异以及轮盘赌方法。交叉和变异的概率分别设为 0.3 和 0.1。在引力搜索算法中,G_0 设为 100,a 设为 20,K_0 设为 N 并线性递减为 1[45]。萤火虫算法中,$\alpha=0.5$,$\beta_{\min}=0.2$,$\gamma=1$[36]。FSO 算法中,密度极限比例 $\theta=20\%$,多样化搜索比例 $M'=0.7$,搜索精度 $\sigma=46$。

从表 2-3 可以看出,相较于 GA,PSO,GSA 以及 FA 算法,FSO 算法在所有 23 个测试函数中取得了 15 个函数的更好结果(加粗标注)。尽管有些函数的结果略差于其他算法的结果,但其中 13 个测试函数的结果(下划线标注)均非常接近于理论最优值。尤其是在高维函数 F_3,F_7,F_9 中 ,FSO 算法的结果与其他算法相比分别提升了 2,1,3 个数量级。而且在所有 10 个低维函数中(除了 F_{20}),FSO 算法也均取得了较好的搜索结果。

表 2-3　流体算法与其他算法在基准函测试中的对比结果

函数	理论最优	GA	PSO	GSA	FA	FSO
F_{1}	0	23.13	1.80E−03	**7.30E−11**	3.00E−03	7.01E−05
F_{2}	0	1.07	2	**7.10E−11**	0.134 045	0.227 0
F_{3}	0	5.60E+03	4.10E+03	1.60E+02	461.003 5	**1,995 7**
F_{4}	0	11.78	8.1	**3.70E−06**	0.055 91	0.557 7
F_{5}	0	1.10E+03	3.60E+04	**25.16**	78.974 06	28.258 72
F_{6}	0	24.01	1.00E−03	8.30E−11	**0**	**0**
F_{7}	0	0.06	0.04	0.018	0.019 392	**3.91E−03**
F_{8}	−1.26E+04	**−1.20E+04**	−9.80E+03	−2.80E+03	−6 253.65	−4 345.05
F_{9}	0	5.9	55.1	15.32	27.993 3	**8.86E−03**
F_{10}	0	2.13	9.00E−03	**6.90E−06**	0.013 276	0.178 37
F_{11}	0	1.16	0.01	0.29	3.35E−3	**2.02E−03**
F_{12}	0	0.051	0.29	0.01	2.32E−04	**2.12E−04**
F_{13}	0	0.081	3.10E−18	**3.20E−32**	3.21E−04	1.15E−03
F_{14}	0.998	**0.998**	**0.998**	3.25	1.314 654	**0.998**
F_{15}	3.07E−04	4.00E−03	2.80E−03	2.157E−03	7.27E−04	**6.23E−04**
F_{16}	−1.031 6	**−1.031 3**	**−1.031 6**	**−1.031 6**	**−1.031 6**	**−1.031 6**
F_{17}	0.397 9	**0.399 6**	**0.397 9**	**0.397 9**	**0.397 9**	**0.397 9**
F_{18}	3	**5.7**	**3**	**3**	**3**	**3.00**
F_{19}	−3.86	−3.862 7	**−3.862 8**	**−3.862 8**	**−3.862 8**	**−3.862 8**
F_{20}	−3.32	**−3.309 9**	−3.236 9	−2.056 9	−3.290 14	−3.286 08
F_{21}	−10.153 2	−5.660 5	−6.629	−6.687 4	−9.406 16	**−9.641 57**
F_{22}	−10.402 9	−7.342 1	−9.111 8	−10.139 9	−10.157 6	**−10.220 5**
F_{23}	−10.536 4	−6.254 1	−9.763 4	−10.403 4	−10.523 3	**−10.533 3**
最优个数		3	5	10	5	15
+/=/−		17/2/4	15/3/5	11/5/7	5/16/2	

另外，在剩余的 8 个未取得最好结果的函数测试中，FSO 算法的结果比取得最好结果的算法并没有差太多。特别是 F_1，F_5，F_{13} 和 F_{20}，流体优化算法的结果非常接近于最好算法的结果。值得一提的是，FSO 算法在 23 个测试函数中绝大多数(除了 F_8 和 F_{10})的结果，均要优于经典的粒子群优化算法，而且通常优于几个数量级。

表 2-3 的最后一行给出了 Wilcoxon 符号秩检验的统计显著性($\alpha=0.05$)结果。该检验的零假设是："在同一测试函数中，FSO 算法与所对比算法在求得的最优解的中位数上无差异"。其中"＋"表示拒绝零假设，并且 FSO 算法在 Wilcoxon 符号秩检验 95％显著性水平上要优于对比算法；"－"表示拒绝零假设，并且 FSO 在 Wilcoxon 符号秩检验 95％显著性水平上要差于对比算法；"＝"表示接受零假设，即 FSO 与对比算法的结果没有显著性差异。可以看出，流体优化算法在所有 23 个函数测试中，分别在 17，15，11 和 5 个函数中优于 GA、PSO、GSA 和 FA 等算法，而仅仅在 4，5，7，2 个函数中要差于 GA，PSO，GSA 和 FA，在 2，3，5，16 个函数中与 GA、PSO、GSA 和 FA 等算法表现相当。

图 2-7 的迭代图给出了算法寻优搜索过程中的更多细节。图 2-7 选取了部分具有代表性的测试函数的迭代图。从高维函数中选取了 F_3，F_7，F_9 和 F_{11}(图 2-7(a)～(d))，从低维多峰函数选取了 F_{14}，F_{16}，F_{18} 和 F_{21}(图 2-7(e)～(f))。由于较新提出的 GSA 算法和 FA 算法的寻优结果比 GA 算法和 PSO 算法更好，因此只选择了这两个算法与 FSO 算法进行了对比。从图 2-7(a)～(d)中可以看出，FSO 算法在前 700 次进行多样化探索时，最优值下降较慢，与 GSA、FA 算法不相上下，但是在进入集中式挖掘时，搜索到的最优值加速下降，下降速度明显要高于另外两种算法，进而找到了较好的最优值。这说明，FSO 算法在第一阶段的多样化探索尽可能搜索到了最优值附近，从而为后续的集中式挖掘取得更好的最优值奠定了基础。而在图 2-7(b)中，FA 算法出现了明显的抖动，这是由于实验在 30 次取均值过程中，FA 算法得到的结果不稳定所致，而 FSO 算法和 GSA 算法则一直保持了稳定。在图 2-7(e)～(h)中，由于搜索维度较低，FSO 并没有出现类似高维函数寻优时的迭代特征，而是较其他算法更快的找到了全局最优值。而且除了 F_{21}，

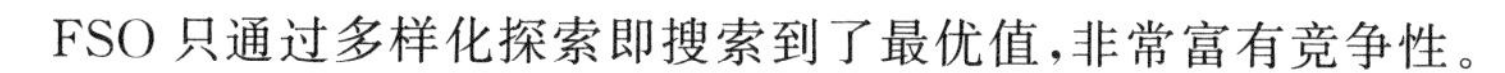

FSO 只通过多样化探索即搜索到了最优值,非常富有竞争性。

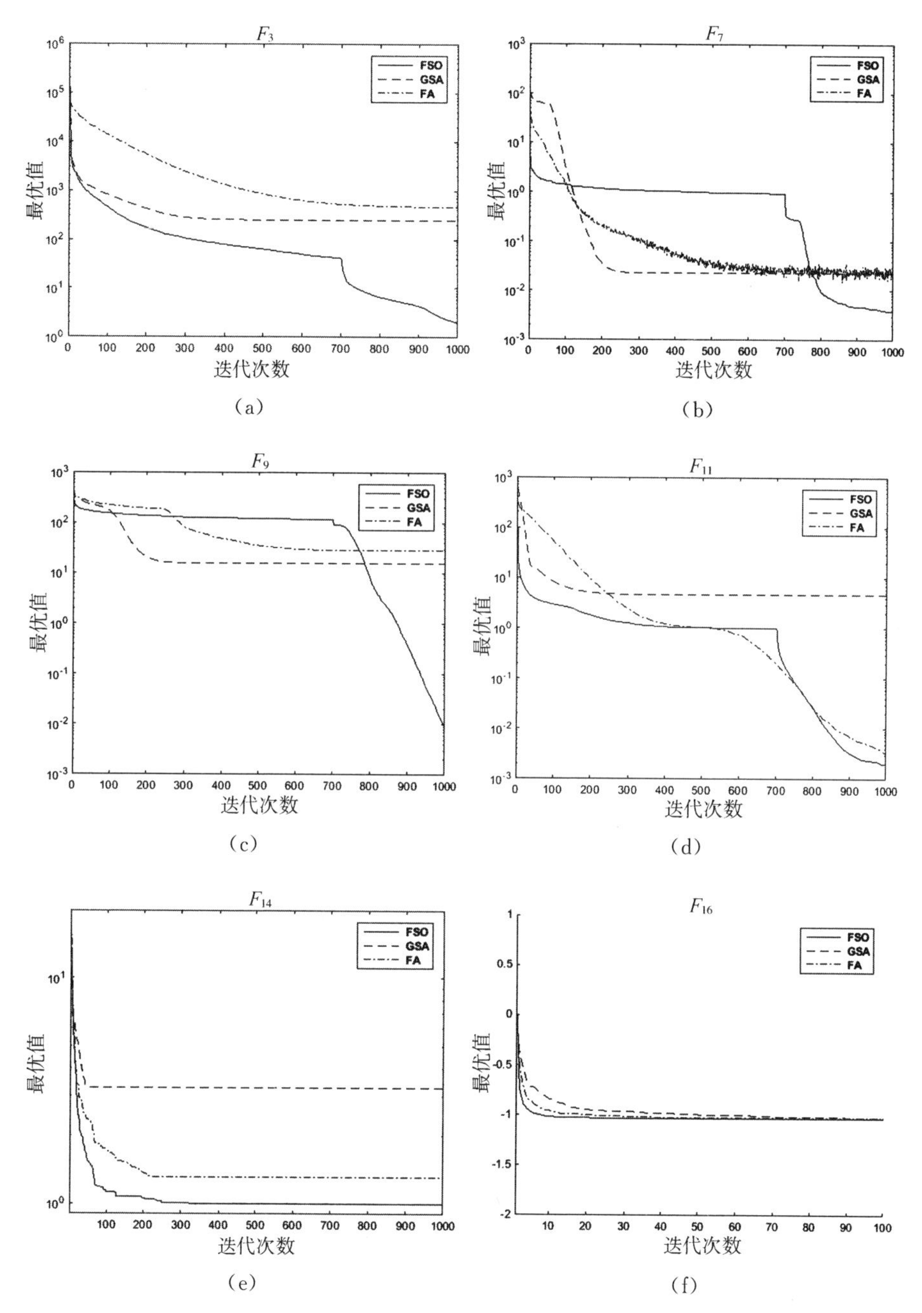

图 2-7　FSO,GSA 与 FA 的寻优迭代图

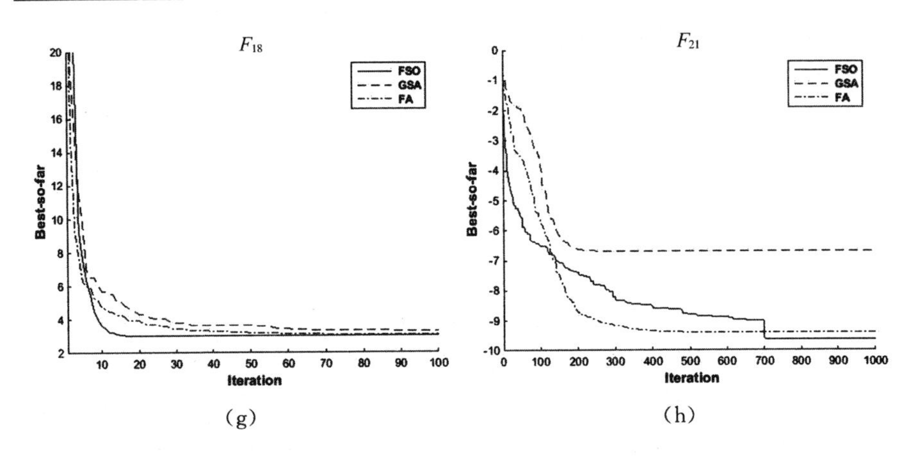

(g)　　(h)

图 2-7　FSO,GSA 与 FA 的寻优迭代图(续)

FSO 算法在目标函数优化过程中模拟了流体从高压自发流向低压的逆过程,即在低压处速度较大,向着高压处逆向流动的过程中速度逐渐减小。在流体粒子的流动过程中,最终在最高压强处汇聚,到达目标函数的最优。FSO 算法根据函数优化过程,重新定义了流体的密度和压强。同时 FSO 设计了扩散机制和指缩机制来平衡多样化探索和集中式挖掘之间的关系,能够自发的扩散搜索整个可行域空间,因此增大了跳出局部最优的能力,进而提高了搜索过程中的优化效果。

2.4　结　论

本章提出了一种新的元启发式优化算法——流体搜索优化算法。该算法受伯努利流体力学原理的启发,引入了扩散机制与指缩机制,均衡考虑了粒子多样性与算法收敛性,平衡了"探索与挖掘"之间的矛盾。各流体粒子通过模拟流体的自发运动机理,采用了简单的迭代更新机制,却集体"涌现"出对目标函数的优化能力。基准函数的测试实验表明,与流行的 GA,PSO,GSA 和 FA 算法相比,FSO 算法取得了更好的搜索效果,是一种很有竞争力的新算法。

第三章　基于核映射的核搜索优化算法

尽管出现了如此众多令人眼花缭乱的元启发式算法，但某一种算法只能在某些特殊问题上获得最佳解，在其他问题上可能表现不佳，需要仔细调整算法的各种参数才能获得较好的表现。因此，有学者批评元启发式算法需要仔细调整参数以适应不同目标函数的做法实质上是一种过拟合。本章尝试提出一种不需要调整任何参数的元启发式算法，称为核搜索优化算法（kernel search optimization，KSO）。与传统的生物或物理搜索策略不同，新的元启发式算法基于纯数学的搜索策略。它的灵感来源于对已有元启发式算法的研究以及对 FSO 算法的设计：所有的元启发式算法都是通过一个非线性的迭代过程来逐步逼近目标函数的最优解，不同算法或是不同参数的同一算法都对应着不同的非线性搜索过程。这个非线性的搜索过程实质上是一个在更高维空间的线性递增（求最大值）或递减（求最小值）过程，即不同算法或是不同参数的同一算法搜索最优值的过程近似对应着更高维空间沿着不同“直线”的递增或递减过程。哪种算法的搜索过程更接近高维线性过程，哪种算法的收敛速度就会更快，搜索到全局最优解的概率也会更高。各种算法需要对不同目标函数仔细调整参数的过程，就是适应各种目标函数的不同线性搜索过程。

上述过程与核映射（kernel trick）将非线性的数据映射到更高维的线性空间的过程非常类似。因此，核搜索优化算法通过引入核映射，将非线性目标函数映射为具有更高维的线性目标函数，从而将非线性函数的优化过程转化为线性函数的优化过程。在变换过程中，将核函数与目标函数近似拟合，核函数最优值近似为目标函数的最优值。经过多次迭代，核函数的最优值越来越接近目标函数的理论最优值，从而完成非线性函数的优化过程。

3.1 核映射的数学原理

对于任意非线性函数 $y=f(\boldsymbol{x}),\boldsymbol{x}=(x_1,x_2,\cdots,x_n)$，通过映射 $\boldsymbol{u}=\varphi(\boldsymbol{x})$，$\boldsymbol{u}$ 为 m 维向量，且 $m\gg n$，映射到高维空间后有可能转化为线性函数，示意图如图 3-1 所示。映射后的空间维度越高，转化为线性函数的可能性越大[82]。即

$$y=f(\boldsymbol{x})=\boldsymbol{\omega}^{\mathrm{T}}\cdot\boldsymbol{u}+b \tag{3-1}$$

其中：$\boldsymbol{\omega}=(\omega_1,\omega_2,\cdots,\omega_m)$，$\boldsymbol{u}=(u_1,u_2,\cdots,u_m)$均为 m 维向量。

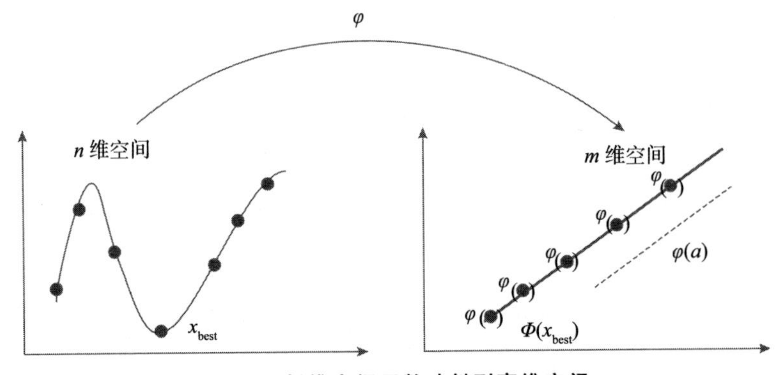

图 3-1　低维空间函数映射到高维空间

同时，m 维向量 $\boldsymbol{\omega}$ 对应其在 n 维空间中的原像向量设为 $\boldsymbol{a}$，即 $\boldsymbol{\omega}=\varphi(\boldsymbol{a})$，$\boldsymbol{a}=(a_1,a_2,\cdots,a_n)$，因此，

$$y=f(\boldsymbol{x})=\boldsymbol{\omega}^{\mathrm{T}}\cdot\boldsymbol{u}+b=\varphi(\boldsymbol{a})\cdot\varphi(\boldsymbol{x})+b=K(\boldsymbol{a},\boldsymbol{x})+b \tag{3-2}$$

其中：$K(\boldsymbol{a},\boldsymbol{x})$为核函数。

因此，可以通过求解映射后的高维空间中线性函数的最优值，来获得低维空间中原始目标函数的最优值。但是，直接求解高维空间线性函数的最优值比较困难，而求解与目标函数相对应的拟合核函数的最优值则相对较容易。因此，可以通过求解相应的拟合核函数的最优值，来得到目标函数的最优值。对于核函数而言，任何满足 Mercer 定理的函数都可以用作核函数[83]，如线性核函数，多项式核函数和径向基(RBF)核函数等。RBF 核函数

可以将目标函数映射到无限维空间[83]，可以极大增加出现线性函数的可能性。因此这里采用 RBF 径向基核函数

$$K(\boldsymbol{x},y)=\exp\left(\frac{\|\boldsymbol{x}-y\|^2}{\sigma}\right)$$

则

$$y=f(\boldsymbol{x})=K(\boldsymbol{a},\boldsymbol{x})+b=\exp\left(\frac{\|\boldsymbol{x}-\boldsymbol{a}\|^2}{\sigma}\right)+b \tag{3-3}$$

需要注意的是：式(3-3)只是借鉴了 RBF 核函数的思想，并未严格要求 $\sigma<0$。同时，目标函数与拟合的核函数并不是在所有点上处处相等，只是在相应拟合点上相等。虽然核函数只是用来近似拟合目标函数，核函数的最优值也只是近似拟合目标函数的最优值，但可以通过迭代策略，使得核函数的最优值逐渐接近目标函数的最优值。因此，只要找到(3-3)式的最小值，也就找到了目标函数的最小值。图 3-2 给出(3-3)式取得最小值的所有情况，设 $\boldsymbol{x}\in[\boldsymbol{x}_{\min},\boldsymbol{x}_{\max}]$，最小值为 $\boldsymbol{x}_{\text{best}}$，图中用红色标记。

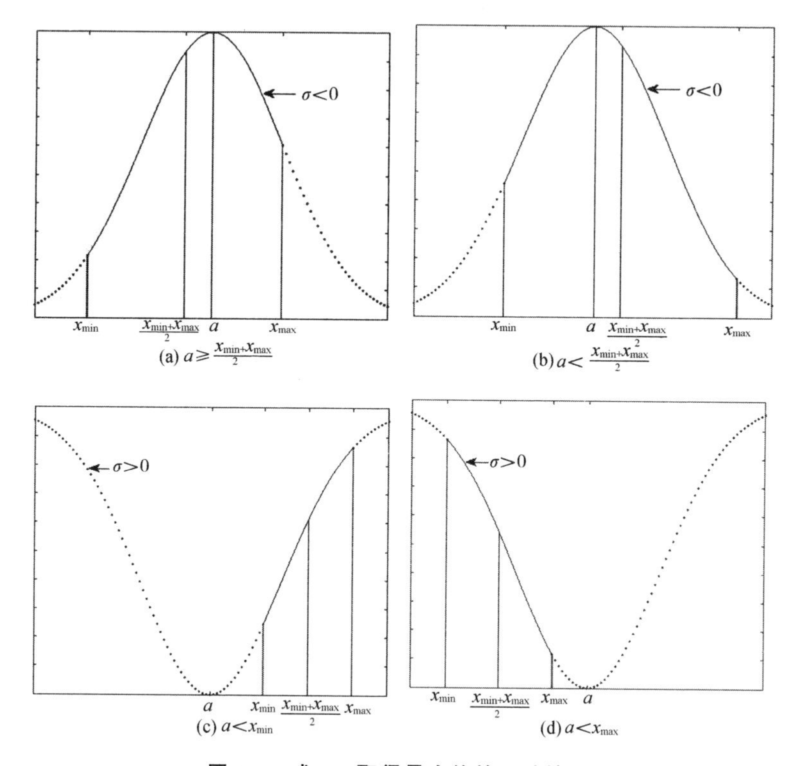

图 3-2　式 3-3 取得最小值的几种情况

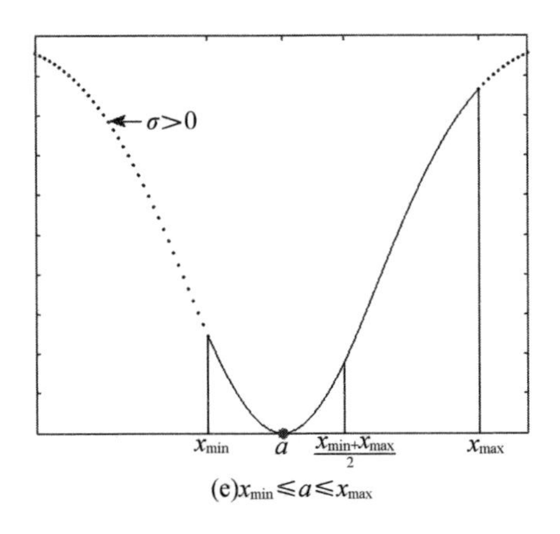

(e)$x_{min} \leqslant a \leqslant x_{max}$

图 3-2　式 3-3 取得最小值的几种情况(续)

式(3-4)给出了具体的最小值取值情况。

$$\boldsymbol{x}_{\text{best}} = \begin{cases} \boldsymbol{x}_{\min} & \sigma < 0 \text{ , } \boldsymbol{a} \geqslant \dfrac{1}{2}(\boldsymbol{x}_{\min} + \boldsymbol{x}_{\max}) \\ \boldsymbol{x}_{\max} & \sigma < 0 \text{ , } \boldsymbol{a} < \dfrac{1}{2}(\boldsymbol{x}_{\min} + \boldsymbol{x}_{\max}) \\ \boldsymbol{x}_{\min} & \sigma > 0 \text{ , } \boldsymbol{a} < \boldsymbol{x}_{\min} \\ \boldsymbol{x}_{\max} & \sigma > 0 \text{ , } \boldsymbol{a} > \boldsymbol{x}_{\max} \\ \boldsymbol{a} & \sigma > 0 \text{ , } \boldsymbol{x}_{\min} \leqslant \boldsymbol{a} \leqslant \boldsymbol{x}_{\max} \end{cases} \tag{3-4}$$

从式(3-4)可以看出,最优值 $\boldsymbol{x}_{\text{best}}$ 或者位于边界处,或者等于向量 $\boldsymbol{a}$,而向量 $\boldsymbol{a}$ 正是映射到高维空间中的超平面斜率在低维空间中的原像。如果能够求出 σ 和 $\boldsymbol{a}$,就可以根据式(3-4)求出拟合核函数的最优值 $\boldsymbol{x}_{\text{best}}$,即是迭代过程中目标函数的近似最优值。因此,向量 $\boldsymbol{a}$ 实际上在优化过程中起到了关键作用。它给出了迭代优化过程中的搜索方向。鉴于此,向量 $\boldsymbol{a}$ 在此特别命名为核向量。

下面具体求解 σ 和 a,由(3-3)式可得

$$\sigma \ln(y - b) = \|\boldsymbol{x} - \boldsymbol{a}\|^2 = (x_1 - a_1)^2 + (\boldsymbol{x}_2 - a_2)^2 + \cdots (x_n - a_n)^2 \tag{3-5}$$

这是关于 σ 和 $a_1, a_2, \cdots, a_n$ 的方程,共有 $n+1$ 个未知数,需要建立 $n+1$ 个二次方程来求解,运算量较大。因此,本书提出一种较为简洁的方法,设另有一向量 $\boldsymbol{x}' = (x'_1, x'_2, \cdots, x'_n)$,取出第 i 项 $\boldsymbol{x}'_i$,替换原向量 $\boldsymbol{x}$ 的第 i 项构成新的向量$(x_1, x_2, \cdots, x'_i, \cdots, x_n)$,新向量对应的目标函数值为 y'_i,n 个新向量构成矩阵

$$\boldsymbol{x}'=\begin{pmatrix} x'_1,x_2,\cdots x_i,\cdots x_n \\ \cdots \\ x_1,x_2,\cdots x'_i,\cdots x_n \\ \cdots \\ x_1,x_2,\cdots x_i,\cdots x'_n \end{pmatrix}$$

矩阵 x'对应的目标函数值为 $y'=(y'_1,y'_2,\cdots,y'_i,\cdots,y'_n)$,则有

$$\sigma\ln(y'_i-b)=(x_1-a_1)^2+(x_2-a_2)^2\cdots+(x'_i-a_i)^2\cdots+(x_n-a_n)^2 \tag{3-6}$$

(3-5)式－(3-6)式可得

$$\sigma\ln\left(\frac{y-b}{y'_i-b}\right)=(x_i-a_i)^2-(x'_i-a_i)^2=(x_i+x'_i-2a_i)(x_i-x'_i)$$

即

$$a_i=\frac{1}{2}\left[x_i+x'_i-\sigma\ln\left(\frac{y-b}{y'_i-b}\right)/(x_i-x'_i)\right] \tag{3-7}$$

设再有一向量 $\boldsymbol{x}''=(x''_1,x''_2,\cdots x''_n)$,取出第 j 项 x''_i,j 为$[1,n]$之间的随机值,替换原向量 $\boldsymbol{x}$ 的第 j 项构成新的向量 $\boldsymbol{x}''=(x_1,x_2,\cdots x''_j,\cdots x_n)$,新向量对应的目标函数值为 y''_i,则有

$$\begin{aligned} a_j&=\frac{1}{2}\left[x_j+x'_j-\sigma\ln\left(\frac{y-b}{y'_j-b}\right)/(x_j-x'_j)\right] \\ &=\frac{1}{2}\left[x_j+x''_j-\sigma\ln\left(\frac{y-b}{y''-b}\right)/(x_j-x''_j)\right] \end{aligned}$$

因此

$$\sigma=\frac{x'_j-x''_j}{\ln\left(\frac{y-b}{y'_j-b}\right)/(x_j-x'_j)-\ln\left(\frac{y-b}{y''_j-b}\right)/(x_j-x''_j)} \tag{3-8}$$

由于在线性优化中,b 的值与目标函数的最优位置无关,因此 $y-b$,$y'-b$,$y''-b$ 的值可以通过 y,y',y''归一化到[1,e]之间,同时归一化还可增强算法的鲁棒性,则

$$y-b=\frac{(y-y_{\min})(e-1)}{y_{\max}-y_{\min}}+1$$

其中:$y_{\min}$是 y,y',y''之间的最小值,$y_{\max}$是 y,y',y''之间的最大值,e 为自然指数。

由此，在求得 σ 之后，由公式(3-7)，i 从 1 取到 n，可分别求出对应的 a_i 的值。然后，可以根据公式(3-4)求出本次迭代过程中的近似最优解 $\boldsymbol{x}_{\text{best}}$。

3.2 核搜索优化算法流程

由公式(3-4)得出的只是当前迭代过程的最优解 $\boldsymbol{x}_{\text{best}}$，而真正的目标函数最优解需要多次迭代更新来逼近，因此迭代方程是搜索算法的关键。在逼近真正的目标函数最优解的过程中，当前最优解 $\boldsymbol{x}_{\text{best}}$ 与全局历史最优解 $\boldsymbol{x}_{\text{gbest}}$ 均为迭代优化过程指明了搜索方向。因此，迭代更新公式可采用如下形式：

$$\boldsymbol{x}_{\text{new}} = \begin{cases} \boldsymbol{x}_{\text{best}} & \text{If } f(\boldsymbol{x}_{\text{best}}) < f(\boldsymbol{x}_{\text{gbest}}) \\ \boldsymbol{x}_{\text{gbest}} + (\boldsymbol{x}_{\text{best}} - \boldsymbol{x}_{\text{gbest}}) \times \text{rand} & \text{其它} \end{cases} \tag{3-9}$$

其中：$\boldsymbol{x}_{\text{new}}$ 为迭代后的新位置，rand 为[0,1]之间的随机数。

公式(3-9)表明，当 $\boldsymbol{x}_{\text{best}}$ 所对应的目标函数值更好时，下一次迭代的新位置即为当前迭代过程的最优位置 $\boldsymbol{x}_{\text{best}}$；否则，下一次迭代的新位置为向量 $\boldsymbol{x}_{\text{best}}$ 与 $\boldsymbol{x}_{\text{gbest}}$ 之间的某个随机位置。示意图如图 3-3 所示。同时，为了加速迭代的收敛过程，上式乘以一个指数缩减因子，从而最终的迭代方程为

$$\boldsymbol{x}_{\text{new}} = \begin{cases} \boldsymbol{x}_{\text{best}} & \text{If } f(\boldsymbol{x}_{\text{best}}) < f(\boldsymbol{x}_{\text{gbest}}) \\ \boldsymbol{x}_{\text{gbest}} + (\boldsymbol{x}_{\text{best}} - \boldsymbol{x}_{\text{gbest}}) \times \text{rand} \times \exp\left(\dfrac{-t}{T_{\max}}\right) & \text{其它} \end{cases} \tag{3-10}$$

其中：$T_{\max}$ 为最大迭代次数，t 为当前迭代次数。

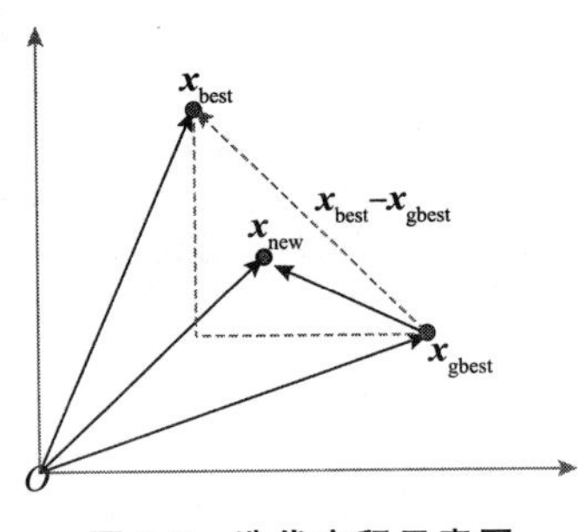

图 3-3　迭代方程示意图

对以上 *KSO* 算法作一总结。首先，随机初始化各点，根据式(3-8)和(3-7)分别计算出 σ 和 $\boldsymbol{a}$；然后，根据式(3-4)计算 $\boldsymbol{x}_{best}$。最后，根据式(3-10)更新各点并进入下一次迭代，直到最大迭代次数为止。同时，为了提高搜索精度，在算法最后加入了局部搜索。完整的 KSO 算法流程图详见图 3-4。

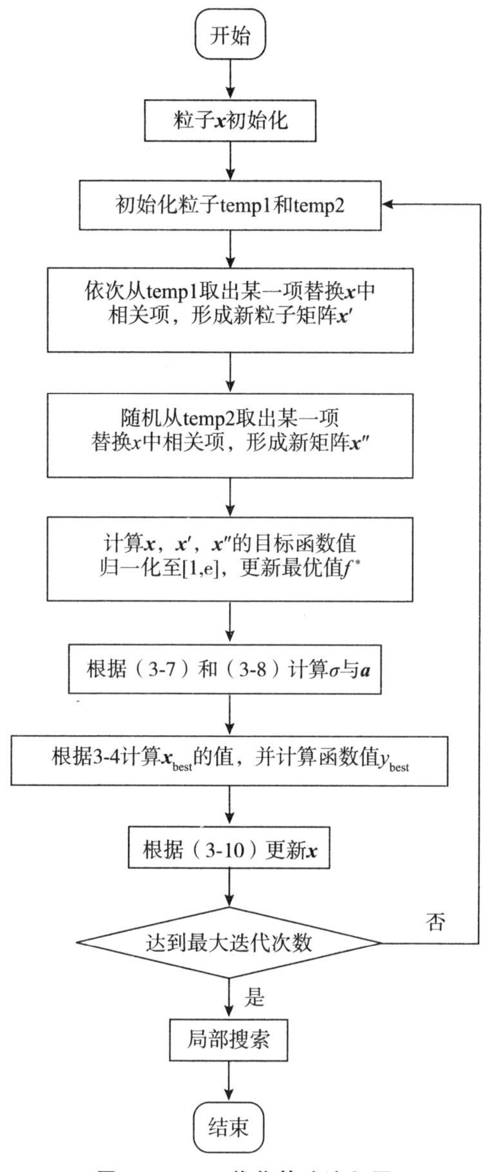

图 3-4　KSO 优化算法流程图

为了直观地验证所提 KSO 算法的有效性，仍选取 Peak 函数(详见图

2-4)进行测试。

测试中,KSO算法设置了10个点,迭代25次进行搜索寻优。图3-5(a)～(f)分别给出了第1次迭代,第5次迭代,第10次迭代,第15次迭代,第20次迭代以及第25次迭代后的各点的位置分布。其中,红色实心点表示各点的位置,红色星号表示迭代后的最优位置。可以看出,第一次迭代时,各点在搜索空间中随机分布;而在第五次迭代后,大多数点倾向于在空间左侧搜索最优点;第15次迭代后,各点在最优位置附近快速收敛;经过20次迭代后,大多数点都到达了全局最优位置。在整个迭代过程中,各点逐渐接近并最终到达了Peak函数的最优位置。

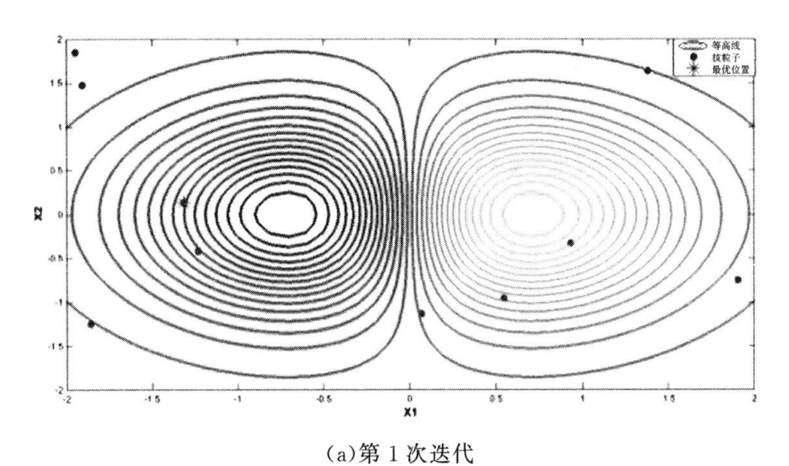

(a)第1次迭代

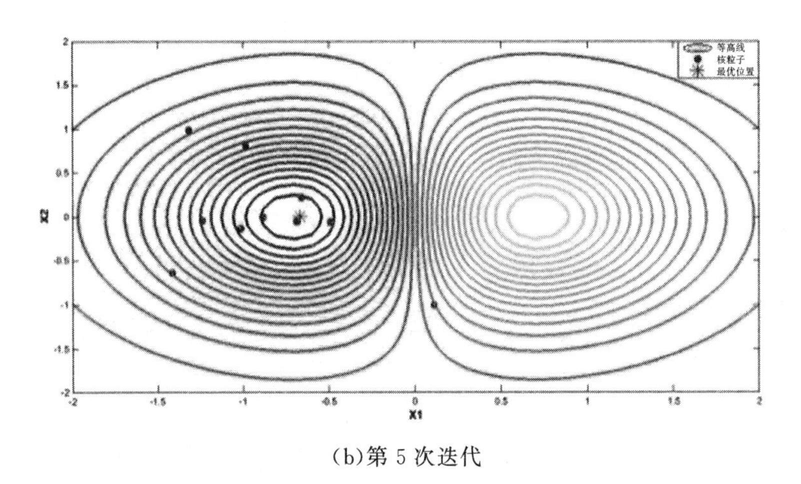

(b)第5次迭代

图3-5 KSO算法在1,5,10,15,20,25次迭代后的各点位置分布

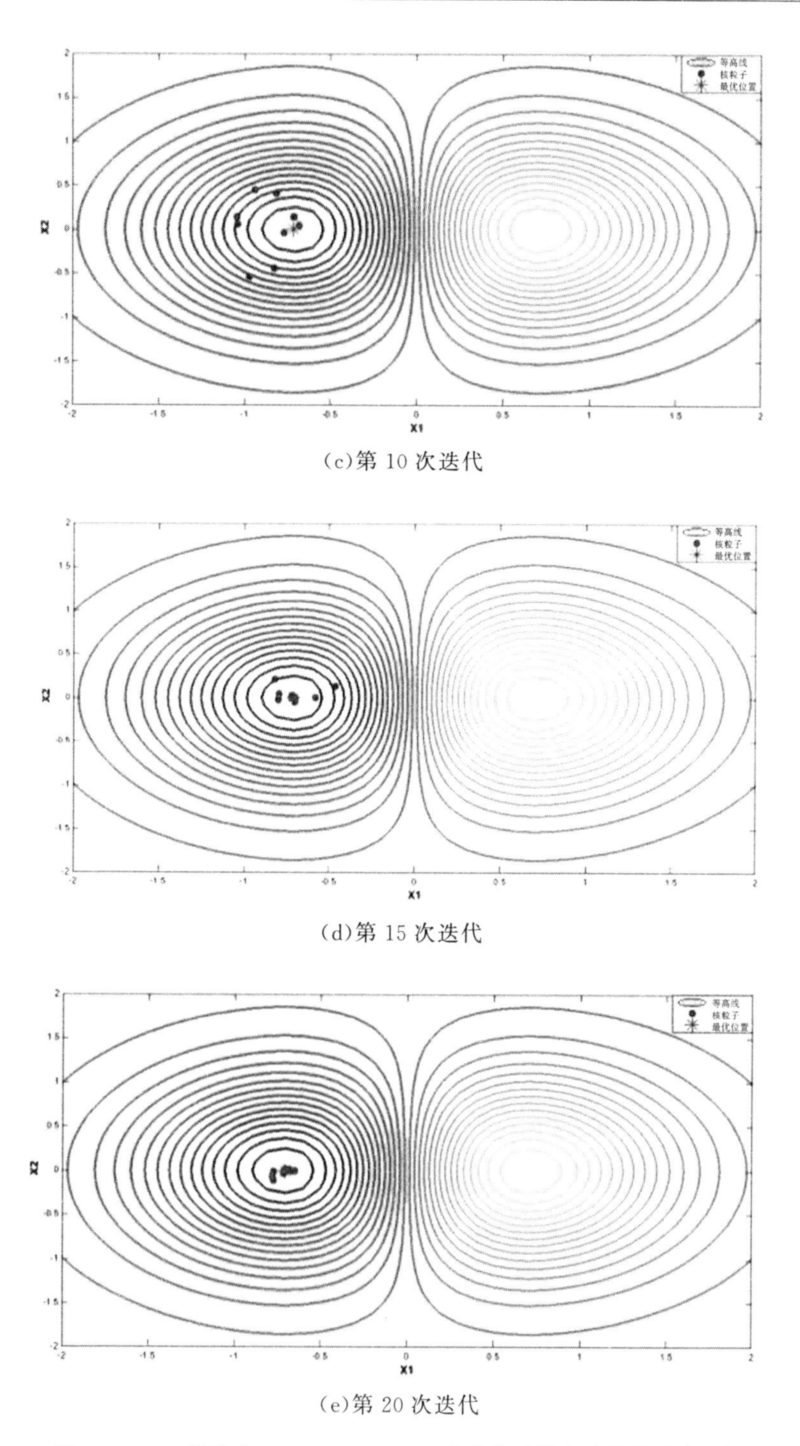

(c)第 10 次迭代

(d)第 15 次迭代

(e)第 20 次迭代

图 3-5　KSO 算法在 1,5,10,15,20,25 次迭代后的各点位置分布(续)

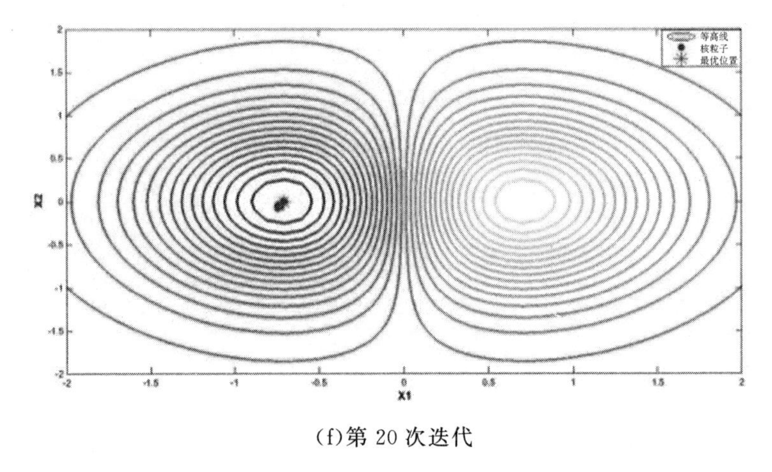

(f)第 20 次迭代

图 3-5　KSO 算法在 1,5,10,15,20,25 次迭代后的各点位置分布(续)

3.3　实验结果

3.3.1　基准测试函数

为了进一步验证 KSO 算法的有效性,选取了更大规模的基准测试函数集进行实验,详见表 3-1 和 3-2。这些测试函数包括了高维(表 3-1)和低维(表 3-2)函数,单峰和多峰函数,可分离变量和不可分离变量的函数。单峰函数是指在可行域内只有一个极值点的函数,而多峰函数是指在可行域内具有多个局部最优值的函数。多峰函数可以更好地测试优化算法跳出局部最优值的能力。如果优化算法的探索能力不强,将更容易陷入对局部最优点的挖掘,而错过找到全局最优点。测试函数中 U 代表单峰函数,M 代表多峰函数,S 代表可分离变量的函数,N 代表不可分离变量的函数。

表 3-1　高维测试函数($n=50$)

名称	函数体	可行域	类型
Sphere	$F_1(X)=\sum_{i=1}^{n}x_i^2$	$[-100,100]^n$	US
Step	$F_2(X)=\sum_{i=1}^{n}(\lfloor x_i+0.5\rfloor)^2$	$[-100,100]^n$	US
Quartic	$F_3(X)=\sum_{i=1}^{n}ix_i^4+\text{random}[0,1)$	$[-1.28,1.28]^n$	US
Stepint	$F_4(X)=25+\sum_{i=1}^{n}\lceil x_i\rceil$	$[-5.12,5.12]^n$	US
Sum Squares	$F_5(X)=\sum_{i=1}^{n}(ix_i)^2$	$[-10,10]^n$	US
Schwefel 2.22	$F_6(X)=\sum_{i=1}^{n}\lvert x_i\rvert+\prod_{i=1}^{n}\lvert x_i\rvert$	$[-10,10]^n$	UN
Schwefel 1.2	$F_7(X)=\sum_{i=1}^{n}\left(\sum_{j=1}^{i}x_j\right)^2$	$[-100,100]^n$	UN
Schwefel 2.21	$F_8(X)=\max_i\{\lvert x_i\rvert,1\leqslant i\leqslant n\}$	$[-100,100]^n$	UN
Rosen brock	$F_9(X)=\sum_{i=1}^{n-1}[100(x_{i+1}-x_i^2)^2+(x_i-1)^2]$	$[-30,30]^n$	UN
Powell	$F_{10}(X)=\sum_{i=1}^{\frac{n}{4}}[(x_{4i-3}+10x_{4i-2})^2+5(x_{4i-1}-x_{4i})^2+(x_{4i-2}-x_{4i-1})^4+10(x_{4i-3}-x_{4i})^4]$	$[-4,5]^{52}$	UN
Schwefel 2.26	$F_{11}(X)=\sum_{i=1}^{n}-x_i\sin(\sqrt{\lvert x_i\rvert})$	$[-500,500]^n$	MS
Rastrigin	$F_{12}(X)=\sum_{i=1}^{n}[x_i^2-10\cos(2\pi x_i)+10]$	$[-5.12,5.12]^n$	MS
Weierst rass	$F_{13}(X)=\sum_{i=1}^{n}\left\{\sum_{j=0}^{k}[a^j\cos(2\pi b^j(x_i+0.5))]\right\}-n\sum_{j=0}^{k}[a^j\cos(\pi b^j)]$ 其中:$a=0.5,b=3,k=20$	$[-0.5,0.5]^n$	MS

续表

名称	函数体	可行域	类型
Styblinski-Tang	$F_{14}(X)=\sum_{i=1}^{n}(x_i^4-16x_i^2+5x_i)$	$[-5,5]^n$	MS
Alpine 1	$F_{15}(x)=\sum_{i=1}^{n}\lvert x_i\sin(x_i)+0.1x_i\rvert$	$[-10,10]^n$	MS
Ackley	$F_{16}(X)=-20\exp\left(-0.2\sqrt{\frac{1}{n}\sum_{i=1}^{n}x_i^2}\right)-\exp\left(\frac{1}{n}\sum_{i=1}^{n}\cos(2\pi x_i)\right)+20+e$	$[-32,32]^n$	MN
Griewank	$F_{17}(X)=\frac{1}{4000}\sum_{i=1}^{n}x_i^2-\prod_{i=1}^{n}\cos\left(\frac{x_i}{\sqrt{i}}\right)+1$	$[-600,600]^n$	MN
Penalized	$F_{18}(X)=\frac{\pi}{n}\left\{\sum_{1}^{n-1}(y_i-1)^2[1+10\sin^2(\pi y_{i+1})]+10\sin(\pi y_1)+(y_n-1)^2\right\}+\sum_{i=1}^{n}u(x_i,10,100,4)$ 其中：$y_i=1+\frac{x_i+1}{4}$ $u(x_i,a,k,m)=\begin{cases}k(x_i-a)^m & x_i>a\\0 & -a<x_i<a\\k(-x_i-a)^m & x_i<a\end{cases}$	$[-50,50]^n$	MN
Penalized 2	$F_{19}(X)=0.1\left\{\sum_{i=1}^{n}(x_i-1)^2[1+\sin^2(3\pi x_i+1)]+\sin^2(3\pi x_1)+(x_n-1)^2[1+\sin^2(2\pi x_n)]\right\}+\sum_{i=1}^{n}u(x_i,5,100,4)$	$[-50,50]^n$	MN
Perm	$F_{20}(X)=\sum_{k=1}^{n}\left[\sum_{i=1}^{n}(i^k+0.5)\left(\left(\frac{x_i}{i}\right)^k-1\right)\right]^2$	$[-D,D]^n$	MN

表 3-2　低维测试函数($n \leqslant 10$)

名称	函数体	可行域	类型
Beale	$F_{21}(X) = (1.5 - x_1 + x_1 x_2)^2 + (2.25 - x_1 + x_1)^2 + (2.625 - x_1 + x_1)^2$	$[-4.5, 4.5]^2$	UN
Matyas	$F_{22}(X) = 0.26(x_1^2 + x_2^2) - 0.48 x_1 x_2$	$[-10, 10]^2$	UN
Colville	$F_{23}(X) = 100(x_1^2 - x_2^2)^2 + (x_1 - 1)^2 + (x_3 - 1)^2 + 10.1((x_2 - 1)^2 + (x_4 - 1)^2) + 90(x_3^2 - x_4)^2 + 19.8(x_2 - 1)(x_4 - 1)$	$[-10, 10]^4$	UN
Trid 6	$F_{24}(X) = \sum_{i=1}^{n}(x_i - 1)^2 - \sum_{i=2}^{n} x_i x_{i-1}$	$[-D^2, D^2]^6$	UN
Trid10	$F_{25}(X) = \sum_{i=1}^{n}(x_i - 1)^2 - \sum_{i=2}^{n} x_i x_{i-1}$	$[-D^2, D^2]^{10}$	UN
Foxholes	$F_{26}(X) = \left(\frac{1}{500} + \sum_{j=1}^{25} \frac{1}{j + \sum_{i=1}^{2}(x_i - a_{ij})^6}\right)^{-1}$ $a_{ij} = \begin{pmatrix} -32, -16, 0, 16, 32, -32, \cdots, 0, 16, 32 \\ -32, -32, -32, -32, -16, \cdots, 32, 32 \end{pmatrix}$	$[-65.5, 65.5]^2$	MS
Bohachev sky 1	$F_{27}(X) = (x_1^2 + 2x_2^2) - 0.3\cos(3\pi x_1) - 0.4\cos(4\pi x_2) + 0.7$	$[-100, 100]^2$	MS
Michaleicz 2	$F_{28} = -\sum_{i=1}^{n} \sin(x_i)(\sin(i x_i^2/\pi))^{2m}, m = 10$	$[0, \pi]^2$	MS
Michale wicz 5	$F_{29} = -\sum_{i=1}^{n} \sin(x_i)(\sin(i x_i^2/\pi))^{2m}, m = 10$	$[0, \pi]^5$	MS
Michalewicz 10	$F_{30} = -\sum_{i=1}^{n} \sin(x_i)(\sin(i x_i^2/\pi))^{2m}, m = 10$	$[0, \pi]^{10}$	MS
Cross-in-Tray	$F_{31} = -0.001\left(\left\| \sin x_1 \sin x_2 \exp\left(\left\| 100 - \frac{\sqrt{x_1^2 + x_2^2}}{\pi} \right\|\right) \right\| + 1\right)^{0.1}$	$[-10, 10]^2$	MN

续表

名称	函数体	可行域	类型
Six Hump Camel Back	$F_{32}(X)=4x_1^2-2.1x_1^4+\frac{1}{3}x_1^6+x_1x_2-4x_2^2+4x_2^4$	$[-5,5]^2$	MN
Branin 1	$F_{33}(X)=\left(x_2-\frac{5.1}{4\pi^2}x_1^2+\frac{5}{\pi}x_1-6\right)^2+10\left(1-\frac{1}{8\pi}\right)\cos x_1+10$	$[-5,15]^2$	MN
GoldStein Price	$F_{34}(X)=[1+(x_1+x_2+1)^2(19-14x_1+3x_1^2-14x_2+6x_1x_2+3x_2^2)]\times[30+(2x_1-3x_2)^2(18-32x_1+12x_1^2+48x_2-36x_1x_2+27x_2^2)]$	$[-5,5]^2$	MN
Hartman 3	$F_{35}(X)=-\sum_{i=1}^{4}c_i\exp\left(-\sum_{j=1}^{3}a_{ij}(x_j-p_{ij})^2\right)$ $c_i=\{1,1.2,3,3.2\}$ $a_{ij}=\begin{pmatrix}3,10,30\\0.1,10,35\\3,10,30\\0.1,10,30\end{pmatrix}$ $p_{ij}=\begin{pmatrix}0.368\ 9,0.117,0.267\ 3\\0.469\ 9,0.438\ 7,0.747\\0.109\ 1,0.873\ 2,0.554\ 7\\0.038\ 15,0.574\ 3,0.882\ 8\end{pmatrix}$	$[0,1]^3$	MN
Drop-Wave	$F_{36}(X)=-\frac{1+\cos(12\sqrt{x_1^2+x_2^2})}{0.5(x_1^2+x_2^2)+2}$	$[-5.12,5.12]^2$	MN
Shekel5	$F_{37}(X)=-\sum_{i=1}^{5}[(X-a_i)(X-a_i)^T+c_i]^{-1}$ $a_{ij}^T=\begin{pmatrix}4,1,8,6,3,2,5,8,6,7\\4,1,8,6,7,9,5,1,2,3.6\\4,1,8,6,3,2,3,8,6,7\\4,1,8,6,7,9,3,1,2,3.6\end{pmatrix}$ $c_i=\{0.1,0.2,0.2,0.4,0.4,0.6,0.3,0.7,0.5,0.5\}$	$[0,10]^4$	MN

续表

名称	函数体	可行域	类型
Shekel 7	$F_{38}(X)=-\sum_{i=1}^{7}[(X-a_i)(X-a_i)^T+c_i]^{-1}$ a_{ij} 与 c_i 同 F_{37}	$[0,10]^4$	MN
Shekel 10	$F_{39}(X)=-\sum_{i=1}^{10}[(X-a_i)(X-a_i)^T+c_i]^{-1}$ a_{ij} 与 c_i 同 F_{37}	$[0,10]^4$	MN
Schaffer 2	$F_{40}=0.5+\frac{\sin^2\left(\sqrt{x_1^2+x_2^2}\right)-0.5}{(1+0.001(x_1^2+x_2^2))^2}$	$[-100,100]^2$	MN
Bohachev sky 2	$F_{41}=x_1^2+2x_2^2-0.3\cos(3\pi x_1)\cos(4\pi x_2)+0.3$	$[-100,100]^2$	MN
Bohachev sky3	$F_{42}=x_1^2+2x_2^2-0.3\cos(3\pi x_1+4\pi x_2)+0.3$	$[-100,100]^2$	MN
Shubert	$F_{43}=\left(\sum_{i=1}^{5}i\cos((i+1)x_1+i\right)$ $\times\left(\sum_{i=1}^{5}i\cos((i+1)x_2+i\right)$	$[-10,10]^2$	MN
Power Sum	$F_{44}=\sum_{k=1}^{n}\left[\left(\sum_{i=1}^{n}x_i^k\right)-b_k\right]^2$	$[0,D]^4$	MN
Langer man 2	$F_{45}=-\sum_{i=1}^{m}c_i\left(\exp\left(-\frac{1}{\pi}\sum_{j=1}^{n}(x_j-a_{ij})^2\right)\right)$ $\times\cos\left(\pi\sum_{j=1}^{n}(x_j-a_{ij})^2\right)$	$[0,10]^2$	MN
Langer man 5	$F_{46}=-\sum_{i=1}^{m}c_i\left(\exp\left(-\frac{1}{\pi}\sum_{j=1}^{n}(x_j-a_{ij})^2\right)\right)$ $\times\cos\left(\pi\sum_{j=1}^{n}(x_j-a_{ij})^2\right)$	$[0,10]^5$	MN
Holder Table	$F_{47}=-\left\|\sin x_1\cos x_2\exp\left(\left\|1-\frac{\sqrt{x_1^2+x_2^2}}{\pi}\right\|\right)\right\|$	$[-10,10]^2$	MN
Fletcher Powell 2	$F_{48}=\sum_{i=1}^{n}(A_i-B_i)^2$ $A_i=\sum_{j=1}^{n}a_{ij}\sin\alpha_j+b_{ij}\cos\alpha_j,$ $B_i=\sum_{j=1}^{n}a_{ij}\sin x_j+b_{ij}\cos x_j$	$[-\pi,\pi]^2$	MN

续表

名称	函数体	可行域	类型
Fletcher Powell 5	$F_{49}=\sum_{i=1}^{n}(A_i-B_i)^2$ $A_i=\sum_{j=1}^{n}a_{ij}\sin\alpha_j+b_{ij}\cos\alpha_j$, $B_i=\sum_{j=1}^{n}a_{ij}\sin x_j+b_{ij}\cos x_j$	$[-\pi,\pi]^5$	MN
Fletcher Powell 10	$F_{50}=\sum_{i=1}^{n}(A_i-B_i)^2$ $A_i=\sum_{j=1}^{n}a_{ij}\sin\alpha_j+b_{ij}\cos\alpha_j$, $B_i=\sum_{j=1}^{n}a_{ij}\sin x_j+b_{ij}\cos x_j$	$[-\pi,\pi]^{10}$	MN

在 20 个高维($D=50$)测试函数中，US 型的函数有 5 个，UN 型的函数有 5 个，MS 型的函数有 5 个，MN 型的函数有 5 个。

在 30 个低维($D\leqslant10$)测试函数中，UN 型的函数有 5 个，MS 型的函数有 5 个，MN 型的函数有 20 个。由于低维 US 型函数的最优值较易得到，并不能真实反映优化算法的搜索能力，因此在低维函数集中并未选择 US 型进行测试。

3.3.2 高维测试函数优化结果

对比算法选取了元启发式算法中比较经典的如 SGA、PSO、DE 和 ABC 等算法，同时也选取了近年来比较流行的 GSA 和 FA 算法。为了削弱启发式算法随机性对结果带来的影响，每种算法的运行结果都是实验 30 次后取均值。各算法的参数设置见表 3-3。可以看出，KSO 算法与其他算法相比，只需要设置种群数目 N 即可，并不需要设置其他复杂的超参数。

需要注意的是，根据 Oracle 的计算观点[77]，各种优化算法的比较应当对目标函数进行相同数目的运算。由于 KSO 算法在每次迭代中需要进行更多的目标函数运算(如图 3-4 所示)，因此为了公平起见，KSO 算法设置了较少的迭代次数,同时设置了较小的种群规模,从而使得所有算法在比较时可以进行相同数量的目标函数计算。KSO 的种群规模为其他算法的 1/5,最大迭代次数设置为其他算法的 5/(D+3),实验中采用 10 000D 次目标函数计算,其中 D 为目标函数决策变量的维数。

表 3-3 对比算法参数设置

算法	参数
SGA	$P_m=0.1, P_c=1, N=50$
PSO	$c1=c2=2, \omega_{\text{begin}}=0.9, \omega_{\text{end}}=0.2, N=50$
GSA	$G_0=100, \alpha=20, N=50$
DE	$F=0.5, \text{CR}=0.3, N=50$
FA	$\alpha=0.5, \beta_{\min}=0.2, \gamma=1, N=50$
ABC	$P_{\text{onlooker}}=P_{\text{employed}}=0.5, N=50$
KSO	$N=10$

表 3-4 给出了 KSO 算法与其他算法在高维测试函数上($D=50$,其中 F_{10} 的维度为 52)上的统计结果,精度取 10^{-10},其中均值、方差以及最优分别是指算法 30 次运行结果的平均值、方差和最好结果。最后一行统计了各种算法分别在均值、方差和最优结果上取得的最好测试函数个数。总体来看,KSO 算法无论在均值、方差还是最优结果上,都取得了高于其他算法的测试函数个数,并在 3/4 的测试函数中取得了更好的结果,表明了 KSO 算法在高维函数优化问题上的强劲表现。

表 3-4 KSO 算法与其他算法在高维测试函数上的比较结果(精度取 10^{-10})

函数		SGA	PSO	GSA	DE	FA	ABC	KSO
	均值	45.612 6	24.463 9	0	0	1.74E−03	0	0
F_1	方差	1.71E+04	180.793 5	0	0	1.17E−07	0	0
	最优	1.01E−02	2.163 5	0	0	1.10E−03	0	0
	均值	51.600 0	261.900 0	0	0	0	0.300 0	0
F_2	方差	1.47E+04	9.45E+03	0	0	0	0.2172	0
	最优	1.000 0	125.000 0	0	0	0	0	0
	均值	5.13E−02	0.102 9	2.26E−02	0.693 5	1.71E−02	0.336 7	1.70E−02
F_3	方差	1.20E−03	8.31E−04	2.55E−05	1.90E−02	1.78E−04	2.43E−03	1.41E−05
	最优	1.37E−02	5.32E−02	1.40E−02	0.282 6	3.48E−03	0.2051	1.04E−02

续表

函数		SGA	PSO	GSA	DE	FA	ABC	KSO
	均值	14.666 7	128.366 7	49.033 3	0	36.566 7	0	0
F_4	方差	10.781 6	61.412 6	0.929 9	0	4.736 8	0	0
	最优	9.000 0	113.000 0	48.000 0	0	31.000 0	0	0
	均值	8.28E−04	5.0940	0	0	6.23E−03	0	0
F_5	方差	1.26E−05	11.8225	0	0	2.07E−05	0	0
	最优	6.06E−07	0.3510	0	0	1.03E−03	0	0
	均值	0.410 6	0.490 0	2.92E−08	0	3.65E−02	0	0
F_6	方差	0.495 5	6.12E−02	0	0	5.32E−05	0	0
	最优	3.22E−02	9.16E−02	2.05E−08	0	2.64E−02	0	0
	均值	2.85E+04	1.87E+03	6.348 4	4.12E+04	0.195 0	2.07E+04	672.978 3
F_7	方差	3.08E+07	4.90E+05	19.3784	1.73E+07	5.41E−03	1.05E+07	3.45E+04
	最优	2.04E+04	858.45 54	0.357 7	3.19E+04	0.112 8	1.38E+04	582.364 0
	均值	16.735 3	14.840 2	3.11E−09	3.41E−03	4.64E−02	67.890 5	0
F_8	方差	50.462 3	5.427 3	0	4.88E−07	1.15E−04	25.271 1	0
	最优	5.232 1	11.220 5	2.26E−09	2.41E−03	2.46E−02	56.734 7	0
	均值	6.96E+03	3.85E+03	36.092 9	42.139 5	56.536 4	0.330 1	41.244 8
F9	方差	3.40E+08	1.85E+07	0.1140	1.1157	793.179 9	0.183 4	0.936 6
	最优	54.988 2	1.21E+03	35.396 5	40.071 8	45.697 2	2.63E−02	40.008 5
	均值	111.802 6	0.346 6	2.18E−04	9.53E−02	6.05E−02	4.17E−02	4.91E−03
F_{10}	方差	2.24E+03	4.85E−02	5.32E−09	2.51E−03	7.26E−04	5.56E−05	7.56E−07
	最优	46.582 6	4.79E−02	7.94E−05	3.29E−02	5.52E−03	2.91E−02	4.71E−03
	均值	−1.91E+04	−9.17E+03	−3.63E+03	−2.09E+04	−1.09E+04	−2.08E+04	−2.09E+04
F_{11}	方差	1.09E+05	3.80E+05	2.63E+05	0	7.53E+05	4.23E+03	0
	最优	−1.96E+04	−1.06E+04	−4.36E+03	−2.09E+04	−1.27E+04	−2.09E+04	−2.09E+04
	均值	73.751 8	84.168 4	24.011 7	175.759 5	61.058 2	0	0
F_{12}	方差	149.065 6	400.163 6	28.178 1	110.740 5	265.814 2	0	0
	最优	47.754 3	48.868 8	14.924 4	151.163 6	35.8195	0	0

续表

函数		SGA	PSO	GSA	DE	FA	ABC	KSO
F_{13}	均值	10.519 2	38.802 7	4.12E−04	46.698 2	18.324 9	0.241 3	0
	方差	5.939 5	10.060 2	1.73E−09	1.901 5	10.844 2	3.67E−02	0
	最优	5.993 9	32.447 1	3.25E−04	43.047 3	12.875 6	0	0
F_{14}	均值	−1 899.63	−1 529.01	−1 837.67	−1 958.31	−1 874.43	−1 958.31	−1 958.31
	方差	2.678 5	2.13E03	1.48E02	0	591.730 3	0	0
	最优	−1 902.55	−1 554.07	−1 859.35	−1 958.31	−1 887.62	−1 958.31	−1 958.31
F_{15}	均值	3.619 6	0.762 1	2.86E−09	0.031 3	0.007 6	2.15E−08	0
	方差	0.608 6	0.017 3	0	0	0	0	0
	最优	2.229 3	0.690 7	2.50E−09	0.031 0	0.005 3	1.49E−08	0
F_{16}	均值	2.190 5	5.542 6	2.77E−09	0	7.89E−03	0	0
	方差	0.124 0	0.360 2	0	0	1.97E−07	0	0
	最优	1.730 1	4.159 9	2.02E−09	0	6.75E−03	0	0
F_{17}	均值	1.100 6	1.252 2	1.72E−03	0	2.93E−03	0	5.26E−03
	方差	2.260 5	8.66E−03	3.42E−05	0	2.39E−07	0	2.51E−05
	最优	0.121 0	1.098 4	0	0	1.81E−03	0	0
F_{18}	均值	3.28E+03	5.775 8	2.07E−03	0	3.36E−06	0	0
	方差	2.52E+08	2.873 2	1.29E−04	0	0	0	0
	最优	0.348 0	2.534 5	0	0	2.17E−06	0	0
F_{19}	均值	5.55E+04	78.691 3	0	0	8.28E−05	0	0
	方差	6.28E+10	354.540 5	0	0	2.00E−10	0	0
	最优	2.305 0	53.264 1	0	0	5.43E−05	0	0
F_{20}	均值	4.73E+03	6.63E−03	4.88E−02	2.76E−02	5.88E−03	14.1970	2.17E−02
	方差	9.70E+07	6.34E−05	7.39E−03	4.82E−04	4.09E−05	122.413 2	4.12E−04
	最优	0.625 6	0	4.95E−03	1.25E−03	5.78E−05	0.119 6	1.06E−02
最优个数	均值	0	0	5	11	3	11	15
	方差	0	0	10	12	5	11	15
	最优	0	1	7	11	3	14	15

从均值上来看，KSO 算法在 15 个测试函数中取得了最好结果，高于后两位 ABC 的 11 个和 DE 的 11 个。在剩余未取得最好结果的 5 个测试函数

中，F_{10}(UN 型)，F_{17}(MN 型)和 F_{20}(MN 型)的结果均非常接近理论最优值，仅仅精度略差于最优结果。而在 F_7 和 F_9(UN 型)上的表现则不佳。因此可以说，KSO 在所有 US 型，MS 型和 MN 型以及部分 UN 型测试函数中均取得了理论最优值或接近理论最优值的结果。

从方差上来看，KSO 算法在 15 个测试函数中取得了最好结果，高于紧随其后的 DE 的 12 个，ABC 的 11 个以及 GSA 的 10 个。表明了 KSO 算法在大规模测试函数寻优过程中良好的稳定性和鲁棒性。从最优结果来看，KSO 算法在 15 个测试函数中取得了最好结果，高于 ABC 的 14 个和 DE 的 11 个。

综上，在高维函数测试中，KSO 算法在单峰可分离变量(US)，多峰函数(MS 和 MN)以及部分单峰不可分离变量(UN)中均表现出了较好的寻优性能和鲁棒性。

3.3.3 高维测试函数符号秩检验结果

为了进一步比较 KSO 算法与其他算法性能的优劣，对 KSO 与 SGA，PSO，GSA，DE，FA 以及 ABC 分别进行成对统计检验。将各算法运行 30 次的结果进行统计显著性 $\alpha=0.05$ 的 Wilcoxon 符号秩检验。该检验的零假设是："在同一测试函数中，KSO 算法与所对比算法在求得的最优解的中位数上无差异"。表 3-5 给出了在高维测试函数上符号秩检验的结果。其中"p"表示两对比算法寻优结果的中位数相同的显著性概率，即为零假设成立的概率；"+"表示拒绝零假设，并且 KSO 在 Wilcoxon 符号秩检验 95%显著性水平上要优于对比算法；"−"表示拒绝零假设，并且 KSO 在 Wilcoxon 符号秩检验 95%显著性水平上要差于对比算法；"="表示接受零假设，即 KSO 与对比算法的结果没有显著性差异。表 3-5 的最后一行给出了 KSO 与对比算法分别在"+"，"="，"−"三种情况下的测试函数总数。可以看出，KSO 算法在高维函数测试中的表现要远远领先于其他优化算法。

表 3-5　KSO 与其他算法在高维测试函数上的 Wilcoxon 符号秩检验结果(α=0.05)

测试	KSO/SGA				KSO/PSO				KSO/GSA				KSO/DE				KSO/FA				KSO/ABC			
函数	p	T+	T−	win	p	T+	T−	win	p	T+	T−	win	p	T+	T−	win	p	T+	T−	win	p	T+	T−	win
F_1	1.73E−06	0	465	+	1.73E−06	0	465	+	1	0	0	=	1	0	0	=	1.73E−06	0	465	+	1	0	0	=
F_2	1.68E−06	0	465	+	1.73E−06	0	465	+	1	0	0	=	1	0	0	=	1	0	0	=	0.02	0	28	+
F_3	3.06E−04	57	408	+	1.73E−06	0	465	+	0.64	210	255	=	1.73E−06	0	465	+	0.21	294	171	=	1.73E−06	0	465	+
F_4	1.62E−06	0	465	+	1.71E−06	0	465	+	1.18E−06	0	465	+	1	0	0	=	1.66E−06	0	465	+	1	0	0	=
F_5	1.73E−06	0	465	+	1.73E−06	0	465	+	1	0	0	=	1	0	0	=	1.73E−06	0	465	+	1	0	0	=
F_6	1.73E−06	0	465	+	1.73E−06	0	465	+	1.73E−06	0	465	+	1	0	0	=	1.73E−06	0	465	+	1	0	0	=
F_7	1.73E−06	0	465	+	2.35E−06	3	462	+	1.73E−06	465	0	−	1.73E−06	0	465	+	1.73E−06	465	0	−	1.73E−06	0	465	+
F_8	1.72E−06	0	465	+	1.73E−06	0	465	+	1.73E−06	0	465	+	1.73E−06	0	465	+	1.73E−06	0	465	+	1.73E−06	0	465	+
F_9	1.73E−06	0	465	+	1.73E−06	0	465	+	1.73E−06	465	0	−	1.89E−04	51	414	+	1.73E−06	0	465	+	1.73E−06	465	0	−
F_{10}	1.73E−06	0	465	+	1.73E−06	0	465	+	1.73E−06	465	0	−	1.73E−06	0	465	+	1.73E−06	0	465	+	1.73E−06	0	465	+
F_{11}	1.73E−06	0	465	+	1.73E−06	0	465	+	1.73E−06	0	465	+	0.04	287.5	118.5	−	1.73E−06	0	465	+	1.73E−06	0	465	+
F_{12}	1.73E−06	0	465	+	1.73E−06	0	465	+	1.73E−06	0	465	+	1.73E−06	0	465	+	1.73E−06	0	465	+	0.06	0	15	=
F_{13}	1.73E−06	0	465	+	1.73E−06	0	465	+	1.73E−06	0	465	+	1.73E−06	0	465	+	1.73E−06	0	465	+	1.23E−05	0	325	+
F_{14}	1.10E−06	0	465	+	1.10E−06	0	465	+	1.73E−06	0	465	+	2.95E−04	136	0	−	1.10E−06	0	465	+	6.93E−03	160	30	−
F_{15}	4.00E−07	0	465	+	4.00E−07	0	465	+	4.32E−08	0	465	+	4.00E−07	0	465	+	4.00E−07	0	465	+	4.00E−07	0	465	+
F_{16}	1.73E−06	0	465	+	1.73E−06	0	465	+	1.73E−06	0	465	+	1	0	0	=	1.73E−06	0	465	+	1	0	0	=
F_{17}	1.73E−06	0	465	+	1.73E−06	0	465	+	5.00E−04	190	20	−	1.31E−05	190	0	−	6.16E−04	399	66	−	1.31E−05	190	0	−
F_{18}	1.73E−06	0	465	+	1.73E−06	0	465	+	1	0	1	=	1	0	0	=	1.73E−06	0	465	+	1	0	0	=
F_{19}	1.73E−06	0	465	+	1.73E−06	0	465	+	1	0	0	=	1	0	0	=	1.73E−06	0	465	+	1	0	0	=
F_{20}	1.92E−06	1	464	+	8.30E−04	395	70	−	0.19	169	296	=	0.83	222	243	=	1.74E−04	415	50	−	1.73E−06	0	465	+
总计	20/0/0				19/0/1				9/7/4				8/9/3				15/2/3				9/8/3			

表 3-6 给出了 KSO 在各种类型测试函数(US,UN,MS,MN)中与其他优化算法的符号秩检验的具体结果。可以看出,US,UN 以及 MN 型测试函数中,除了 US 型 KSO 算法与 GSA 算法表现相当,KSO 算法均优于对比算法。而在 MS 型函数中,KSO 算法略逊于 DE 和 ABC 算法,优于 SGA 和 PSO 算法,与 GSA 算法表现相当。特别是在每种类型的测试函数中,除了 US 型差于 GSA 算法的函数个数为 2 个,KSO 算法差于其他对比算法的函数个数均为 0 或 1 个。因此,在高维函数各类型的成对检验中,KSO 算法表现出了非常有竞争性的搜索能力。

表 3-6　KSO 算法在各种类型测试函数的成对符号秩检验结果

函数类型	KSO/SGA	KSO/PSO	KSO/GSA	KSO/DE	KSO/FA	KSO/ABC
US	5/0/0	5/0/0	2/1/2	3/2/0	4/0/1	2/2/1
UN	5/0/0	5/0/0	3/2/0	2/2/1	3/2/0	3/2/0
MS	5/0/0	5/0/0	1/3/1	0/4/1	4/0/1	0/4/1
MN	5/0/0	4/0/1	3/1/1	3/1/1	4/0/1	4/0/1
总计	20/0/0	19/0/1	9/7/4	8/9/3	15/2/3	9/8/3

3.3.4　高维测试函数运算时间结果

对元启发式算法性能的另一种评价标准是该算法运行过程中所消耗的 CPU 时间。图 3-6 给出了 7 种算法的 CPU 运行时间按从多到少的排列,分别用七种颜色表示。在高维测试函数 F_1-F_{20} 中,KSO 算法所消耗的 CPU 时间是 7 种比较算法中最少的。尤其明显比 SGA、ABC、GSA 和 FA 等算法消耗的 CPU 时间更少。可见,虽然 KSO 算法算法步骤略显复杂,但真正消耗的运算时间却更少。这是由于 KSO 算法在每次迭代过程中均要按决策变量维度来多次计算目标函数值,而在同等数目的函数值计算的约束下,KSO 算法需要通过缩小种群规模,减少迭代次数来实现。因此,KSO 算法所消耗的运算时间和内存空间都会更少,却获得了更好的最优值结果。在实际应用中目标函数值的运算往往占据了绝大多数时间,KSO 算法的这种算法特性将非常有利于高维度高时间复杂度的目标函数寻优。

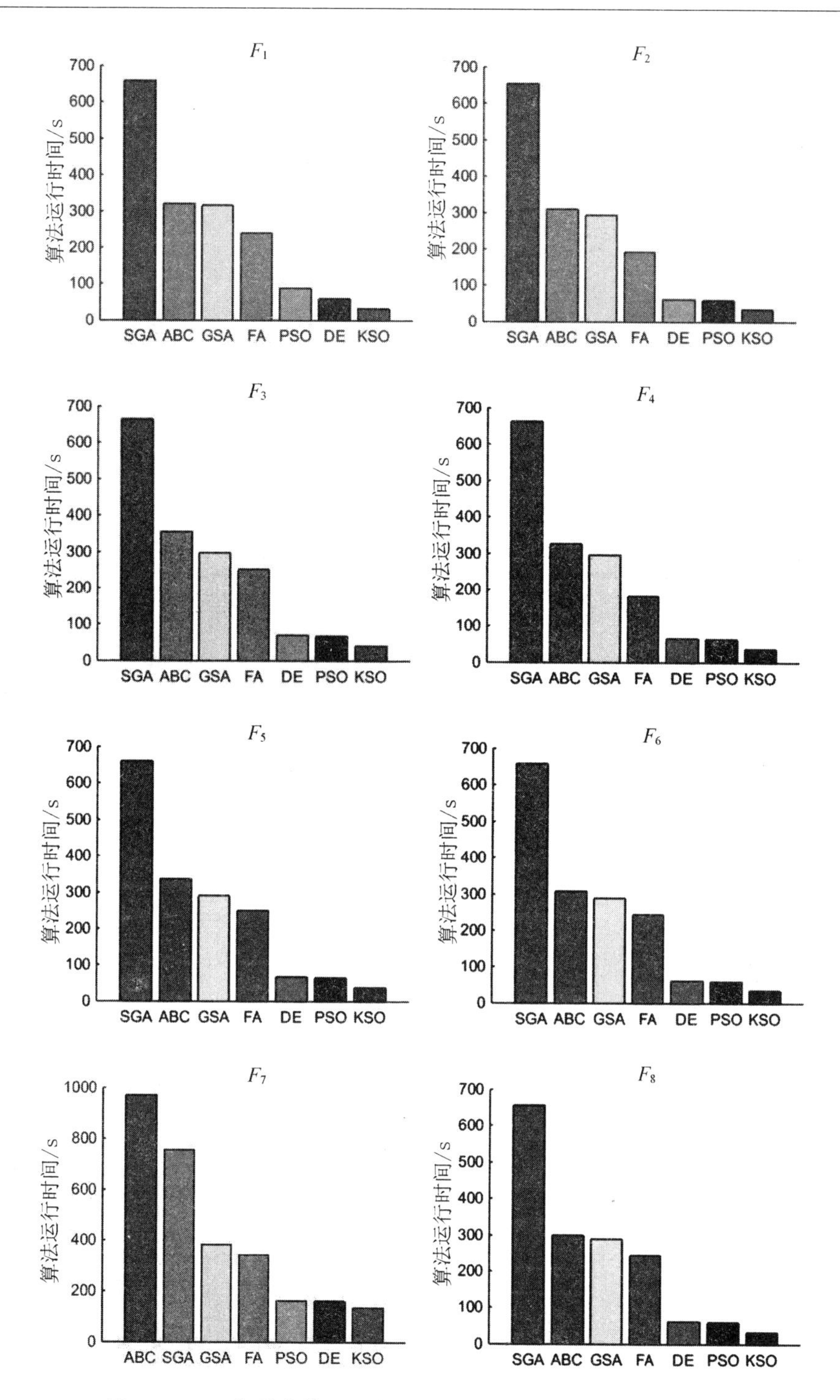

图 3-6　KSO 与其他算法在高维测试函数中的运行时间对比结果

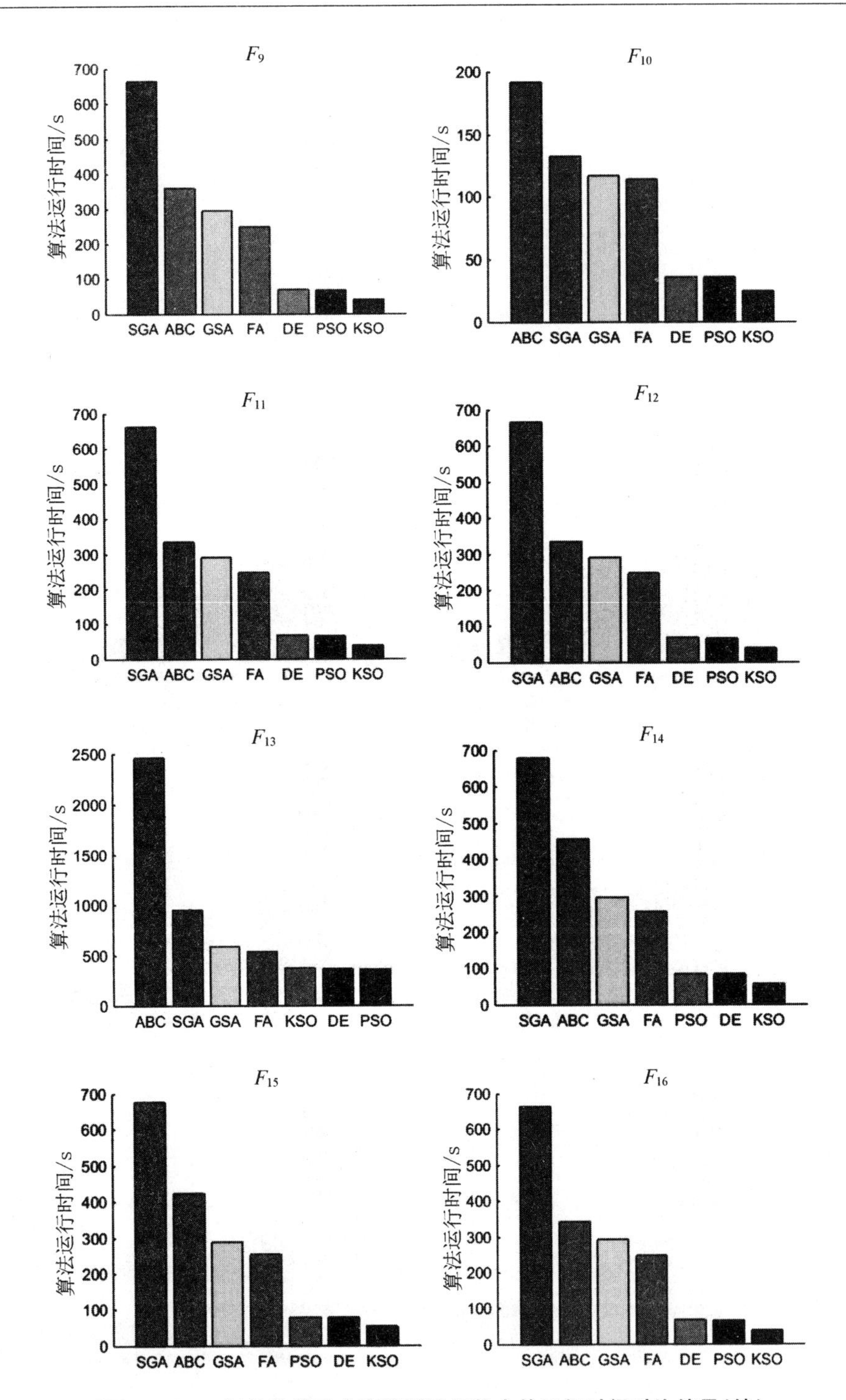

图 3-6 KSO 与其他算法在高维测试函数中的运行时间对比结果(续)

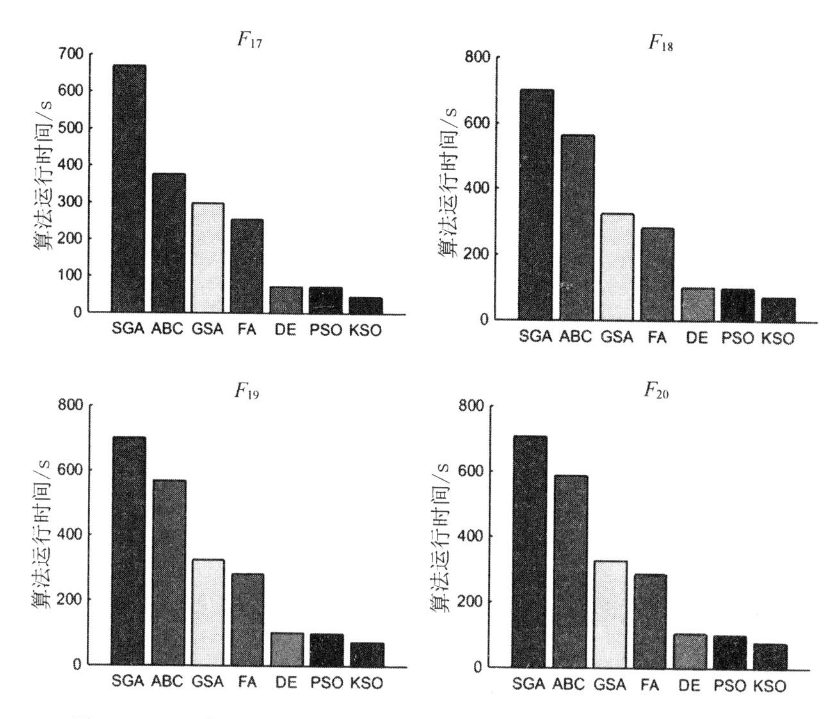

图 3-6　KSO 与其他算法在高维测试函数中的运行时间对比结果(续)

3.3.5　高维测试函数迭代曲线

图 3-7 展示了 KSO 算法与其他对比算法在高维函数优化过程中的迭代效果。由于为了保证相同数目的函数值计算,每种算法的迭代次数不尽相同,因此横坐标采用迭代次数的百分比,纵坐标表示当前的最优值。在大多数函数的迭代过程中(F_1 ,F_5 ～ F_8 ,F_{10} ,F_{12} ,F_{13} ,F_{15} ～ F_{19} ,共计 13 个),KSO 算法在80 %迭代次数之前的收敛速度基本位于其他六种对比算法的中间,但是在80 %迭代次数之后出现了拐点,KSO 算法加速了收敛过程,并迅速收敛到最优值。这是由于80 %迭代次数之前是 KSO 的探索阶段,核映射的使用将粒子对非线性函数的搜索映射为超高维线性函数的搜索,使得 KSO 算法在可行域内尽可能绕过局部最优解,搜索到最有潜力的最优解附近。在80 %迭代次数之后是 KSO 算法的挖掘阶段,通过对最优解附近的局部搜索迅速提高最优值的精度。KSO 算法通过核映射在可行域的探索为后续的挖掘奠定了良好的基础,因此获得了更好的优化结果。

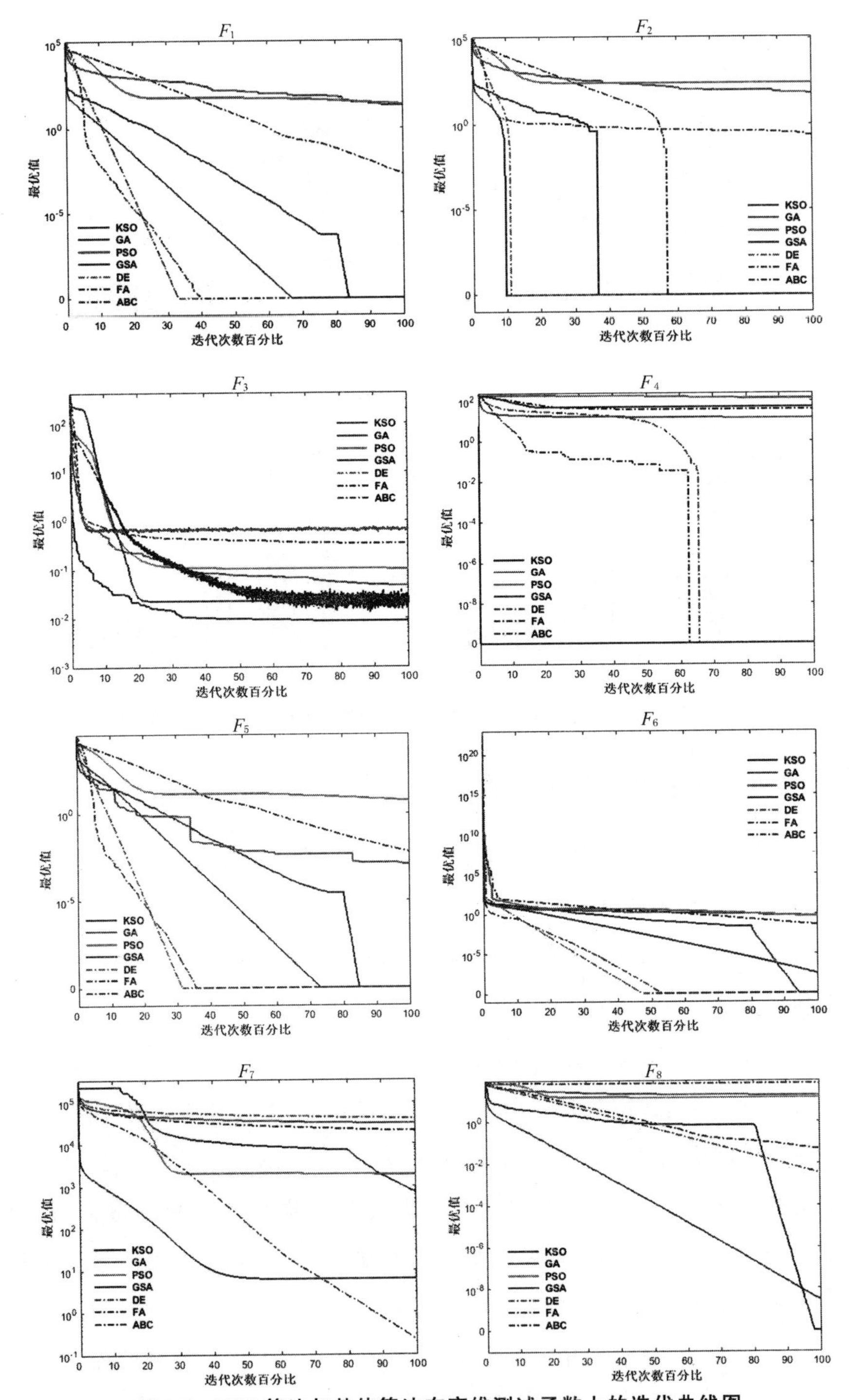

图 3-7　KSO 算法与其他算法在高维测试函数上的迭代曲线图

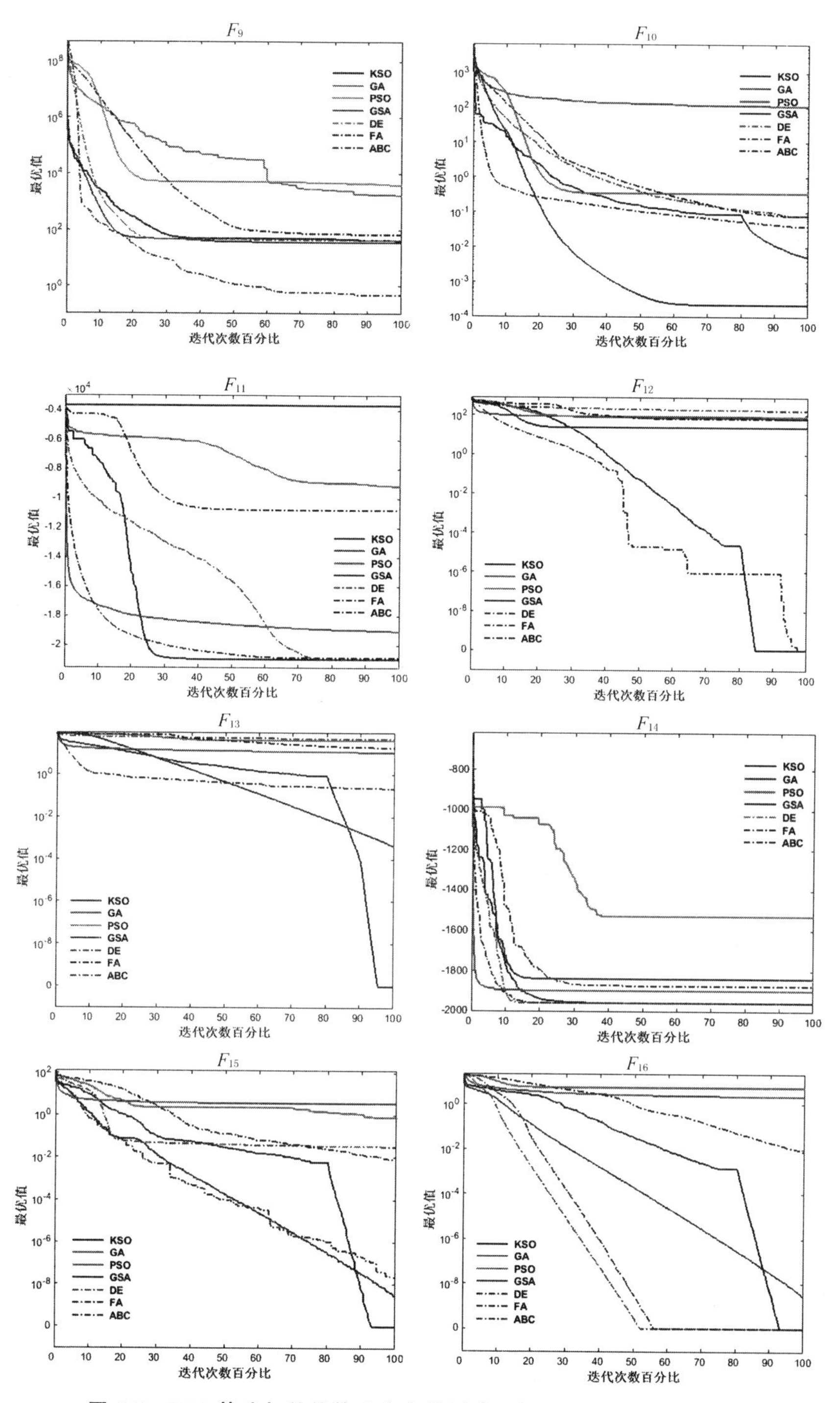

图 3-7　KSO 算法与其他算法在高维测试函数上的迭代曲线图(续)

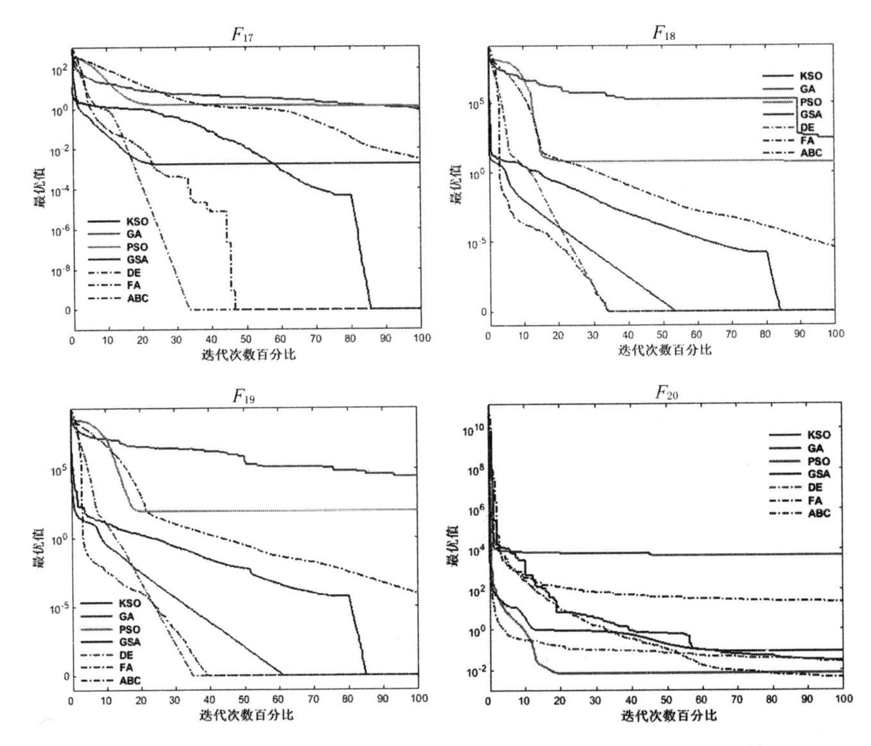

图 3-7　KSO 算法与其他算法在高维测试函数上的迭代曲线图(续)

对于剩余的函数($F_2 \sim F_4$,F_9,F_{11},F_{14},共计 7 个),KSO 仅通过探索阶段即搜索到了最优值。尤其是 F_4(Stepint)函数,由于其最优值在[−5.12,−5.12]之间,恰好位于可行域边界附近,因此 KSO 在迭代 1 次后即搜索到了最优值。

3.3.6　低维测试函数统计结果

表 3-7 给出了 KSO 与其他算法在低维测试函数($D \leqslant 10$)上的统计结果,精度取 10^{-15},其中均值,方差以及最优分别是指算法 30 次运行结果的平均值,方差和最好结果。最后一行统计了各种算法分别在均值,方差和最优结果上取得的最好测试函数个数。总体来看,KSO 无论在均值,方差还是最好结果上,都取得了高于其他算法的测试函数个数,在 90% 的测试函数中取得了更好的结果,表明了 KSO 在低维函数优化问题上的强劲表现。

表 3-7　KSO 与其他算法在低维测试函数上的比较结果(精度取 10^{-15})

函数		SGA	PSO	GSA	DE	FA	ABC	KSO
F_{21}	均值	0.247 0	0	2.26E−10	0	1.04E−09	4.29E−04	0
	方差	0.110 7	0	0	0	0	2.90E−07	0
	最好	1.47E−04	0	0	0	0	1.90E−05	0
F_{22}	均值	5.19E−02	0	0	0	3.66E−10	2.26E−04	0
	方差	5.19E−03	0	0	0	0	4.13E−08	0
	最好	8.33E−10	0	0	0	0	1.17E−06	0
F_{23}	均值	66.396 4	0	0.759 3	3.66E−03	4.31E−03	0.907 2	1.99E−02
	方差	7.30E+03	0	1.355 5	1.71E−05	7.56E−05	1.228 5	6.42E−04
	最好	1.952 2	0	9.34E−09	7.53E−05	2.09E−07	7.04E−02	2.06E−04
F_{24}	均值	12.278 0	−50.000 0	−50.000 0	−50.000 0	−50.000 0	−49.996 2	−50.000 0
	方差	2.32E+03	0	0	0	0	1.11E−05	0
	最好	−45.624 8	−50.000 0	−50.000 0	−50.000 0	−50.000 0	−49.999 8	−50.000 0
F_{25}	均值	680.038 6	−210.000 0	−210.000 0	−209.942 6	−209.999 9	−208.290 2	−210.000 0
	方差	6.19E+05	0	0	2.49E−03	8.15E−09	2.358 8	0
	最好	−187.389 7	−210.000 0	−210.000 0	−209.995 0	−210.000 0	−209.892 8	−210.000 0
F_{26}	均值	6.085 1	0.998 0	5.721 9	0.998 0	2.318 7	0.998 0	0.998 0
	方差	32.633 1	0	11.649 2	0	1.901 6	0	0
	最好	0.998 0	0.998 0	0.999 0	0.998 0	0.998 1	0.998 0	0.998 0
F_{27}	均值	0.116 7	0	0	0	5.19E−06	0	0
	方差	4.38E−02	0	0	0	0	0	0
	最好	4.36E−07	0	0	0	1.44E−07	0	0
F_{28}	均值	−1.795 4	−1.801 3	−1.801 3	−1.801 3	−1.801 3	−1.801 3	−1.801 3
	方差	1.39E−04	0	0	0	0	0	0
	最好	−1.801 3	−1.801 3	−1.801 3	−1.801 3	−1.801 3	−1.801 3	−1.801 3
F_{29}	均值	−4.356 3	−4.664 6	−4.558 6	−4.687 7	−4.585 5	−4.687 7	−4.687 7
	方差	6.70E−02	1.44E−03	6.78E−03	0	1.65E−02	0	0
	最好	−4.682 6	−4.687 7	−4.687 7	−4.687 7	−4.687 7	−4.687 7	−4.687 7

续表

函数		SGA	PSO	GSA	DE	FA	ABC	KSO
F_{30}	均值	−8.441 6	−9.506 2	−9.263 3	−9.658 3	−8.882 5	−9.660 0	−9.660 2
	方差	0.214 9	1.33E−02	6.30E−02	5.90E−05	0.459 8	8.03E−07	0
	最好	−9.247 8	−9.655 2	−9.614 1	−9.660 2	−9.580 8	−9.660 2	−9.660 2
F_{31}	均值	−2.062 4	−2.062 6	−2.062 6	−2.062 6	−2.062 6	−2.062 6	−2.062 6
	方差	3.16E−08	0	0	0	0	0	0
	最好	−2.062 6	−2.062 6	−2.062 6	−2.062 6	−2.062 6	−2.062 6	−2.062 6
F_{32}	均值	−0.997 5	−1.031 6	−1.031 6	−1.031 6	−1.031 6	−1.031 6	−1.031 6
	方差	7.63E−04	0	0	0	5.78E−10	0	0
	最好	−1.031 6	−1.031 6	−1.031 6	−1.031 6	−1.031 6	−1.031 6	−1.031 6
F_{33}	均值	0.618 6	0.397 9	0.397 9	0.397 9	0.397 9	0.397 9	0.397 9
	方差	0.305 8	0	0	0	0	0	0
	最好	0.398 0	0.397 9	0.397 9	0.397 9	0.397 9	0.397 9	0.397 9
F_{34}	均值	45.673 6	3.000 0	3.000 0	3.000 0	3.000 0	3.023 9	3.000 0
	方差	2.29E+03	0	0	0	0	3.99E−03	0
	最好	3.000 1	3.000 0	3.000 0	3.000 0	3.000 0	3.000 0	3.000 0
F_{35}	均值	−3.833 4	−3.862 8	−3.862 8	−3.862 8	−3.862 8	−3.862 8	−3.862 8
	方差	1.60E−03	0	0	0	0	0	0
	最好	−3.862 8	−3.862 8	−3.862 8	−3.862 8	−3.862 8	−3.862 8	−3.862 8
F_{36}	均值	−0.957 5	−1.000 0	−0.992 5	−0.999 9	−1.000 0	−1.000 0	−1.000 0
	方差	9.34E−04	0	1.76E−04	7.22E−09	0	2.07E−13	0
	最好	−1.000 0	−1.000 0	−0.999 9	−1.000 0	−1.000 0	−1.000 0	−1.000 0
F_{37}	均值	−2.945 7	−9.648 0	−6.974 5	−9.970 4	−8.852 1	−10.152 5	−10.153 2
	方差	4.109 3	2.376 7	12.311 2	1.002 8	7.883 2	1.12E−05	0
	最好	−9.408 3	−10.153 2	−10.153 2	−10.153 2	−10.153 2	−10.153 2	−10.153 2
F_{38}	均值	−4.039 4	−9.574 1	−10.402 9	−10.180 3	−10.402 9	−10.402 7	−10.402 9
	方差	7.862 2	4.757 0	0	1.486 8	0	1.42E−06	0
	最好	−10.356 8	−10.402 9	−10.402 9	−10.402 9	−10.402 9	−10.402 9	−10.402 9

续表

函数		SGA	PSO	GSA	DE	FA	ABC	KSO
F_{39}	均值	−2.768 1	−10.536 4	−10.536 4	−10.536 4	−10.536 4	−10.534 3	−10.536 4
	方差	2.001 0	0	0	0	0	6.79E−05	0
	最好	−6.699 1	−10.536 4	−10.536 4	−10.536 4	−10.536 4	−10.536 4	−10.536 4
F_{40}	均值	7.36E−02	2.91E−03	2.60E−02	2.91E−03	8.77E−03	2.10E−03	3.56E−03
	方差	9.63E−03	2.05E−05	1.06E−03	9.10E−06	5.88E−06	1.51E−05	2.27E−05
	最好	1.82E−08	0	7.66E−03	1.03E−06	1.44E−03	9.14E−10	0
F_{41}	均值	9.30E−02	0	0	0	6.01E−06	0	0
	方差	3.63E−02	0	0	0	1.04E−10	0	0
	最好	3.64E−07	0	0	0	1.45E−08	0	0
F_{42}	均值	2.753 1	0	0	0	2.49E−06	9.16E−05	0
	方差	203.247 3	0	0	0	0	1.71E−08	0
	最好	3.20E−06	0	0	0	1.09E−07	1.49E−08	0
F_{43}	均值	−169.785 6	−186.730 9	−184.066 2	−186.728 9	−186.698 6	−186.730 9	−186.730 9
	方差	704.988 0	0	10.901 9	2.23E−05	3.14E−02	0	0
	最好	−186.730 9	−186.730 9	−186.730 9	−186.730 9	−186.730 9	−186.730 9	−186.730 9
F_{44}	均值	3.104 0	2.69E−07	5.44E−02	2.50E−02	2.28E−04	3.05E−02	3.56E−04
	方差	25.361 9	0	1.99E−03	1.73E−04	1.06E−07	5.20E−04	1.13E−07
	最好	4.37E−02	0	1.79E−03	6.35E−03	1.22E−07	5.21E−03	1.22E−05
F_{45}	均值	−1.003 6	−1.080 9	−1.023 2	−1.080 9	−1.024 3	−1.071 9	−1.080 9
	方差	4.10E−02	3.19E−09	2.89E−03	0	3.28E−03	1.18E−03	0
	最好	−1.080 9	−1.080 9	−1.080 6	−1.080 9	−1.080 9	−1.080 9	−1.080 9
F_{46}	均值	−0.636 4	−1.435 3	−0.701 7	−1.500 0	−0.938 1	−1.297 0	−1.500 0
	方差	4.92E−02	3.96E−02	6.17E−02	0	7.25E−02	8.29E−02	0
	最好	−1.459 6	−1.500 0	−1.395 9	−1.500 0	−1.500 0	−1.500 0	−1.500 0
F_{47}	均值	−19.205 9	−19.207 5	−19.204 9	−19.208 5	−19.101 5	−19.208 5	−19.208 5
	方差	7.02E−06	5.49E−07	1.19E−04	0	9.42E−03	0	0
	最好	−19.208 5	−19.208 5	−19.208 5	−19.208 5	−19.142 8	−19.208 5	−19.208 5

续表

函数		SGA	PSO	GSA	DE	FA	ABC	KSO
F_{48}	均值	35.536 9	0	0	2.56E−10	1.31E−06	0	0
	方差	1.64E+04	0	0	0	0	0	0
	最好	2.01E−04	0	0	0	9.23E−08	0	0
F_{49}	均值	4.09E+03	14.561 4	265.514 2	0.202 6	2.25E−02	1.741 3	3.82E−05
	方差	1.89E+07	910.838 0	6.16E+05	0.1050	1.48E−03	6.117 8	1.08E−08
	最好	96.387 4	1.36E−08	9.34E−04	2.86E−04	3.22E−05	3.02E−02	0
F_{50}	均值	2.34E+04	1.97E+03	8.37E+03	89.317 5	1.68E+03	82.688 5	0.190 3
	方差	1.89E+08	1.92E+06	9.14E+07	4.19E+03	1.50E+07	4.40E+03	0.117 8
	最好	1.43E+03	329.256 7	0	2.084 3	2.20E−03	13.570 2	4.32E−03
最优数目	均值	0	21	15	18	10	14	27
	方差	0	20	16	19	15	12	27
	最好	9	27	21	24	18	20	27

从均值上来看，KSO 在总计 30 个测试函数中的 27 个取得了最好结果，高于后两位 PSO 的 21 个和 DE 的 18 个。在剩余未取得最好结果的 3 个测试函数中，F23（UN 型），F40（MN 型）和 F44（MN 型）的结果均非常接近理论最优值，仅仅精度略差于最优结果。因此可以说，KSO 在所有 UN 型，MS 型和 MN 型低维测试函数中均取得了理论最优值或接近理论最优值的结果。

从方差上来看，KSO 在 27 个测试函数中取得了最好结果，高于紧随其后的 PSO 的 20 个和 DE 的 19 个。表明了 KSO 在低维测试函数寻优过程中同样具有良好的稳定性和鲁棒性。从最优结果来看，KSO 在 27 个测试函数中取得了最好结果，与 PSO 持平，高于 DE 的 24 个。

综上，在低维函数测试中，KSO 算法在所有单峰不可分离变量（UN），多峰函数（MS 和 MN）中均表现出了较好的寻优性能和鲁棒性。

3.3.7　低维测试函数符号秩检验结果

为了进一步比较 KSO 算法与其他算法性能的优劣，对 KSO 与 SGA，PSO，GSA，DE，FA 以及 ABC 分别进行成对统计检验。将各算法运行 30 次的结果进行统计显著性的 Wilcoxon 符号秩检验。该检验的零假设是：在同一测试函数中，KSO 算法与所对比算法在求得的最优解的中位数上无差异。表 3-8 给出了在高维测试函数上符号秩检验的结果，最后一行给出了 KSO 与对比算法分别在“＋”，“＝”，“－”三种情况下的测试函数总数。可以看出，KSO 算法在低维函数测试中的表现与 PSO 算法持平，并远远领先于其他优化算法。

表 3-9 给出了 KSO 在各种类型测试函数（UN，MS，MN）中与其他优化算法的符号秩检验的具体结果。可以看出，除了 UN 中 KSO 差于 PSO 以及 MS 中差于 DE 外，KSO 均优于对比算法。特别是在 MN 型测试函数中，除了略优于 PSO 外，KSO 均大幅领先其他对比算法。

表 3-8　KSO 与其他算法在低维测试函数上的 Wilcoxon 符号秩检验结果（$\alpha=0.05$）

测试函数	KSO/SGA				KSO/PSO				KSO/GSA			
	p	T＋	T－	win	p	T＋	T－	win	p	T＋	T－	win
F_{21}	1.73E－06	0	465	＋	1.33E－06	465	0	－	1.58E－06	0	465	＋
F_{22}	1.73E－06	0	465	＋	1.73E－06	0	465	＋	1.22E－06	0	465	＋
F_{23}	1.73E－06	0	465	＋	1.49E－06	465	0	－	1.24E－03	76	389	＋
F_{24}	1.73E－06	0	465	＋	1.29E－06	465	0	－	1.19E－06	465	0	－
F_{25}	1.73E－06	0	465	＋	1.56E－02	350	115	－	1.29E－06	465	0	－
F_{26}	1.73E－06	0	465	＋	1.56E－02	28	0	－	1.22E－06	0	465	＋
F_{27}	1.55E－06	0	465	＋	1	0	0	＝	1	0	0	＝
F_{28}	1.71E－06	0	465	＋	1	0	0	＝	1	0	0	＝
F_{29}	1.73E－06	0	465	＋	2.44E04	0	91	＋	2.93E－05	0	210	＋
F_{30}	1.73E－06	0	465	＋	1.73E－06	0	465	＋	1.22E－06	0	465	＋
F_{31}	1.73E－06	0	465	＋	1	0	0	＝	1	0	0	＝
F_{32}	1.73E－06	0	465	＋	1	0	0	＝	1	0	0	＝
F_{33}	1.73E－06	0	465	＋	0.125	10	0	＝	0.125	10	0	＝
F_{34}	1.73E－06	0	465	＋	1.32E－06	465	0	－	1.69E－06	464	1	－
F_{35}	1.73E－06	0	465	＋	1	0	0	＝	1	0	0	＝

续表

测试函数	KSO/SGA				KSO/PSO				KSO/GSA			
	p	T+	T−	win	p	T+	T−	win	p	T+	T−	win
F_{36}	1.73E−06	465	0	−	1	0	0	=	1.22E−06	0	465	+
F_{37}	1.73E−06	0	465	+	0.25	0	6	=	1	0	0	=
F_{38}	1.73E−06	0	465	+	0.1523	10	35	=	0.0625	15	0	=
F_{39}	1.73E−06	0	465	+	1	1	0	=	1	0	0	=
F_{40}	1.73E−06	0	465	+	0.1277	97	39	=	1.47E−06	0	465	+
F_{41}	1.66E−06	0	465	+	1	0	0	=	1	0	0	=
F_{42}	1.72E−06	0	465	+	1.93E−06	435	0	−	1.93E−06	435	0	−
F_{43}	1.73E−06	0	465	+	1	0	0	=	1.22E−06	0	465	+
F_{44}	1.73E−06	0	465	+	1.73E−06	465	0	−	1.68E−03	80	385	+
F_{45}	1.73E−06	0	465	+	1.73E−06	0	465	+	1.22E−06	0	465	+
F_{46}	1.73E−06	0	465	+	0.25	0	6	=	1.22E−06	0	465	+
F_{47}	1.73E−06	0	465	+	1.22E−06	0	465	+	0.4119	66	39	=
F_{48}	1.73E−06	0	465	+	9.77E−04	0	66	+	1.22E−06	0	465	+
F_{49}	1.73E−06	0	465	+	2.16E−05	26	439	+	2.79E−06	6	459	+
F_{50}	1.73E−06	0	465	+	1.73E−06	0	465	+	8.36E−03	105	360	+
总计	29/0/1				8/14/8				15/11/4			
F_{21}	1.73E−06	0	465	+	1.73E−06	0	465	+	1.73E−06	0	465	+
F_{22}	1.73E−06	0	465	+	1.73E−06	0	465	+	1.73E−06	0	465	+
F_{23}	6.34E−06	452	13	−	5.29E−04	401	64	−	1.73E−06	0	465	+
F_{24}	1.73E−06	0	465	+	1.73E−06	0	465	+	1.73E−06	0	465	+
F_{25}	1.73E−06	0	465	+	1.73E−06	0	465	+	1.73E−06	0	465	+
F_{26}	1.56E−02	28	0	−	1.73E−06	0	465	+	1	1	0	=
F_{27}	1	0	0	=	1.73E−06	0	465	+	1	0	0	=
F_{28}	1	0	0	=	1.73E−06	0	465	+	1	0	0	=

续表

测试函数	KSO/SGA				KSO/PSO				KSO/GSA			
	p	T+	T−	win	p	T+	T−	win	p	T+	T−	win
F_{29}	1.56E−02	28	0	−	1.73E−06	0	465	+	0.3125	3	12	=
F_{30}	0.3594	21	7	=	1.73E−06	0	465	+	7.81E−03.	2	53	+
F_{31}	1.22E−04	0	105	+	1.22E−06	0	465	+	1	0	0	=
F_{32}	7.81E−03	0	36	+	1.73E−06	0	465	+	1	0	0	=
F_{33}	1.22E−03	3	88	+	1.73E−06	0	465	+	0.0859	7.5	37.5	=
F_{34}	1.69E−07	435	0	−	1.73E−06	0	465	+	1.92E−06	1	464	+
F_{35}	1	0	0	=	1.73E−06	0	465	+	1	0	0	=
F_{36}	3.63E−06	0	378	+	1.22E−06	0	465	+	1.22E−06	0	465	+
F_{37}	6.10E−05	0	120	+	1.73E−06	0	465	+	1.95E−03	0	55	+
F_{38}	0.5781	10	18	=	1.73E−06	0	465	+	4.88E−04	0	78	+
F_{39}	0.0625	0	15	=	1.73E−06	0	465	+	1.22E−04	0	105	+
F_{40}	0.6884	213	252	=	1.97E−05	25	440	+	0.1846	168	297	=
F_{41}	1	0	0	=	1.73E−06	0	465	+	9.72E−05	0	171	+
F_{42}	1.73E−06	0	465	+	1.73E−06	0	465	+	1.73E−06	0	465	+
F_{43}	1.73E−06	0	465	+	1.73E−06	0	465	+	1.19E−05	0	325	+
F_{44}	9.63E−04	72	393	+	4.45E−05	431	34	−	2.60E−05	28	437	+
F_{45}	3.56E−06	0	378	+	1.73E−06	0	465	+	1.73E−06	0	465	+
F_{46}	1.95E−03	0	55	+	1.73E−06	0	465	+	1.73E−06	0	465	+
F_{47}	6.25E−07	0	465	+	1.22E−06	0	465	+	1	0	0	=
F_{48}	1.73E−06	0	465	+	1.73E−06	0	465	+	1.73E−06	0	465	+
F_{49}	1.73E−06	0	465	+	2.60E−05	28	437	+	1.73E−06	0	465	+
F_{50}	1.36E−04	47	418	+	1.85E−04	118	347	+	2.77E−03	87	378	+
总计	18/8/4				28/0/2				20/10/0			

表 3-9 KSO 在各种类型测试函数的成对符号秩检验结果

函数类型	KSO/SGA	KSO/PSO	KSO/GSA	KSO/DE	KSO/FA	KSO/ABC
UN	5/0/0	1/0/4	3/0/2	4/0/1	4/0/1	5/0/0
MS	5/0/0	2/2/1	3/2/0	0/3/2	5/0/0	1/4/0
MN	19/0/1	5/12/3	9/9/2	14/5/1	19/0/1	14/6/0
总计	29/0/1	8/14/8	15/11/4	18/8/4	28/0/2	20/10/0

值得注意的是，在低维测试函数中，PSO 表现出了优秀的寻优能力。而在高维测试函数中，仅次于 KSO 的 ABC 则表现不凡。但 PSO 在高维函数测试中则表现较差，而 ABC 在低维函数测试中则表现一般。因此，综合高低维函数的测试来看，KSO 均展现出了强大的寻优能力，获得了更好的性能表现。

3.3.8 低维测试函数运算时间结果

图 3-8 给出了 7 种算法在低维测试函数中 CPU 运行时间按从多到少的排列，分别用七种颜色表示。在低维函数测试中，消耗 CPU 时间较多的是 ABC，FA 和 GSA，而 DE，PSO，SGA 和 KSO 则差别不大。KSO 在 14 个低维测试函数中消耗的 CPU 时间是最少的，剩余的 16 个测试函数则略高于最少的 SGA，尤其比算法流程较简单的 PSO 消耗的时间更少，这是 KSO 在每次迭代过程中增加了目标函数计算而减少迭代次数导致的。可见与高维函数测试类似，KSO 在低维函数测试中同样消耗了较少的运算时间，却获得了更好的最优值结果，有利于低维度高时间复杂度的函数寻优。

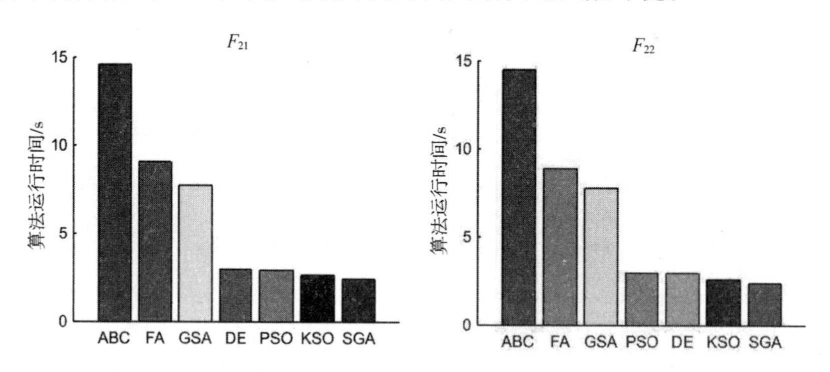

图 3-8 KSO 与其他算法在低维测试函数中的运行时间对比结果

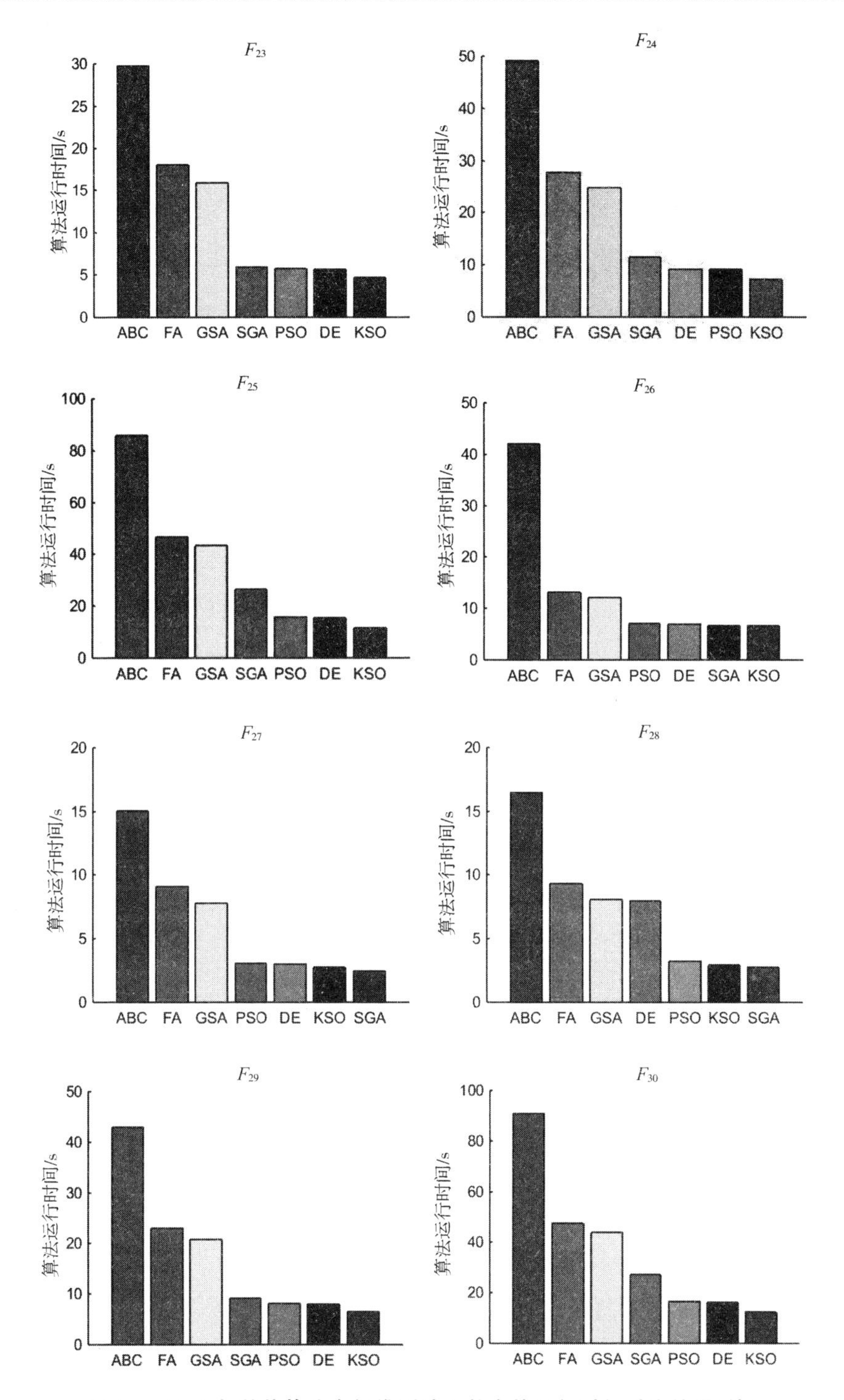

图 3-8　KSO 与其他算法在低维测试函数中的运行时间对比结果(续)

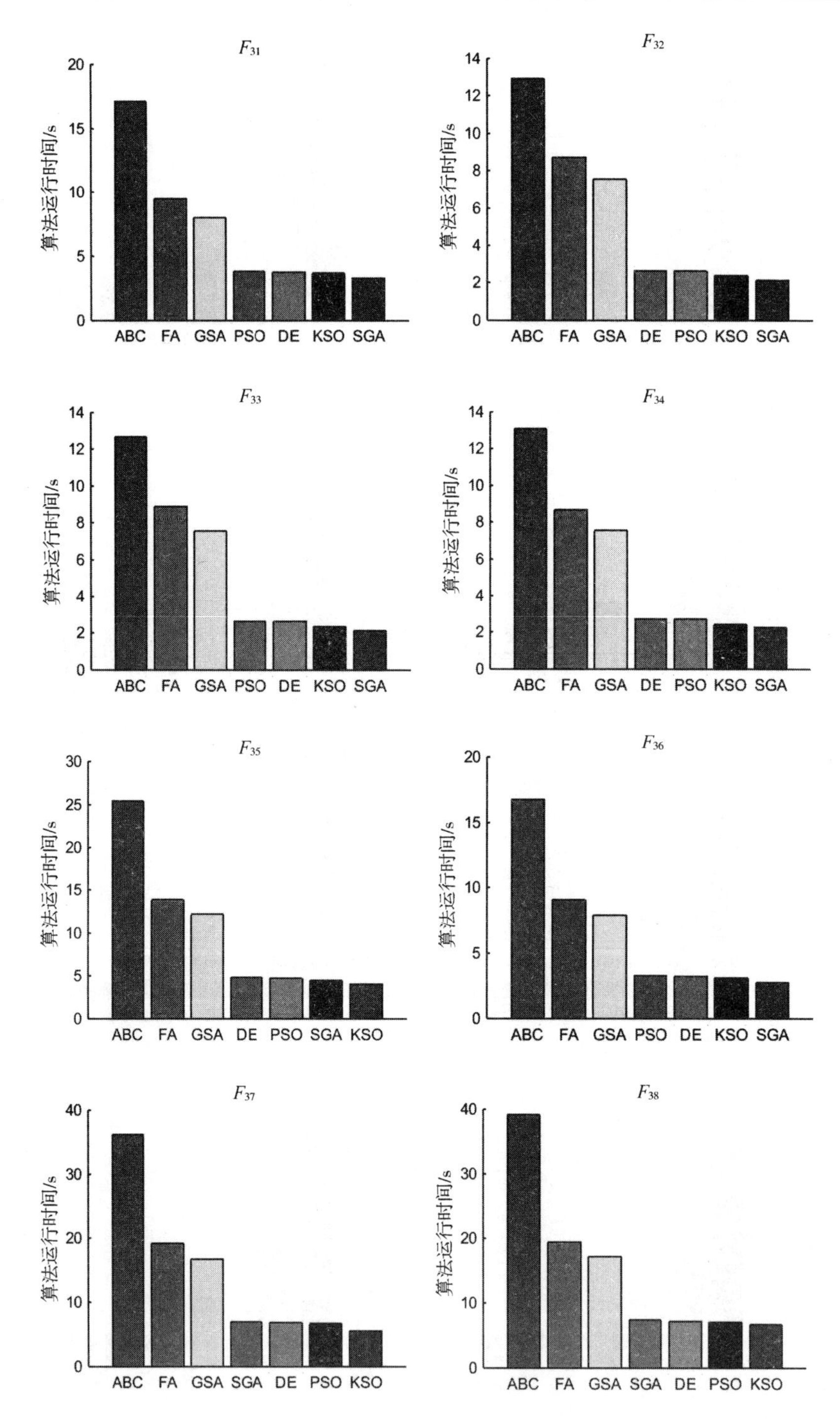

图 3-8　KSO 与其他算法在低维测试函数中的运行时间对比结果(续)

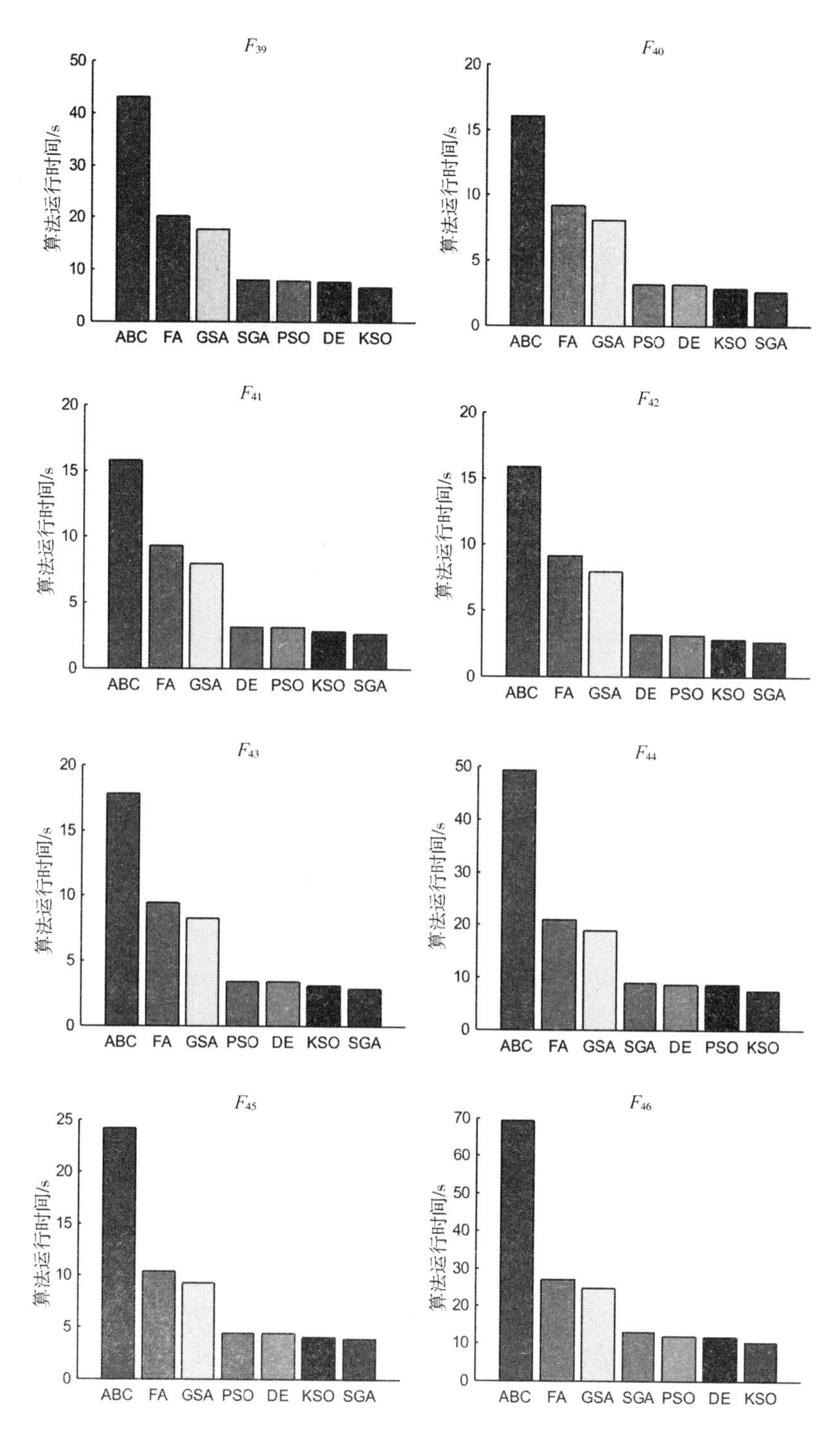

图 3-8　KSO 与其他算法在低维测试函数中的运行时间对比结果(续)

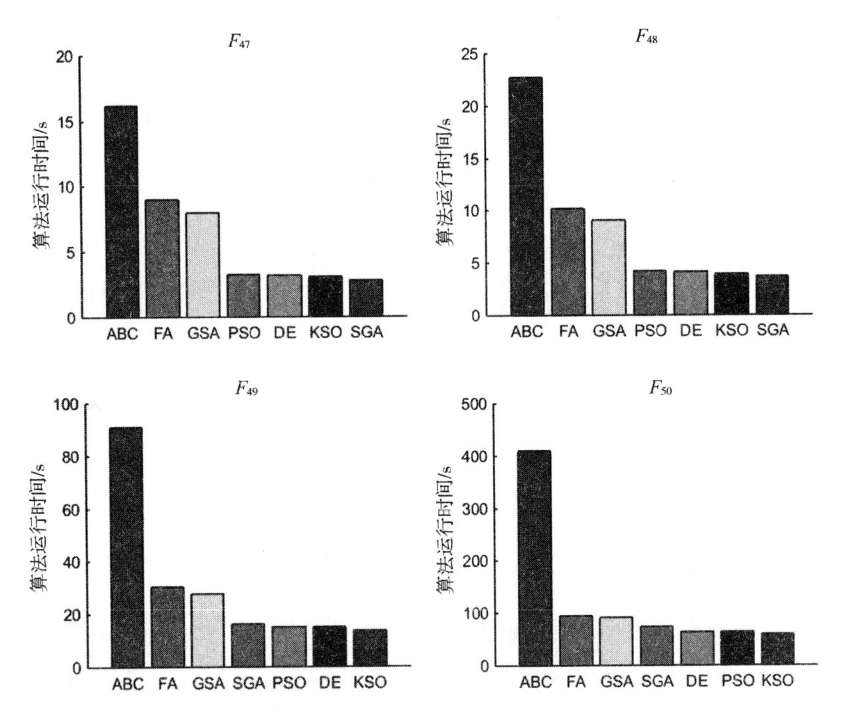

图 3-8 KSO 与其他算法在低维测试函数中的运行时间对比结果(续)

3.3.9 低维测试函数迭代曲线

图 3-9 展示了 KSO 与其他对比算法在低维函数优化过程中的迭代效果。与高维函数类似,横坐标采用迭代次数的百分比,纵坐标表示当前的最优值。与高维测试函数迭代曲线不同的是,在大多数函数的迭代过程中(F_{23} ~ F_{26} ,F_{28} ~ F_{40} ,F_{43} ~ F_{47} , 共计 22 个),KSO 仅通过探索阶段即搜索到了最优值。而对于剩余的函数(F_{21} ,F_{22} ,F_{27} ,F_{41} ,F_{42} ,F_{48} ~ F_{50} ,共计 8 个),KSO 则需要80 %迭代次数之后的局部搜索来加速收敛过程,才能找到更好的最优解。可见,对于大部分低维函数来说,KSO 仅通过核映射搜索即获得了最优值,说明从低维非线性映射到高维线性的核映射对低维函数非常有效。

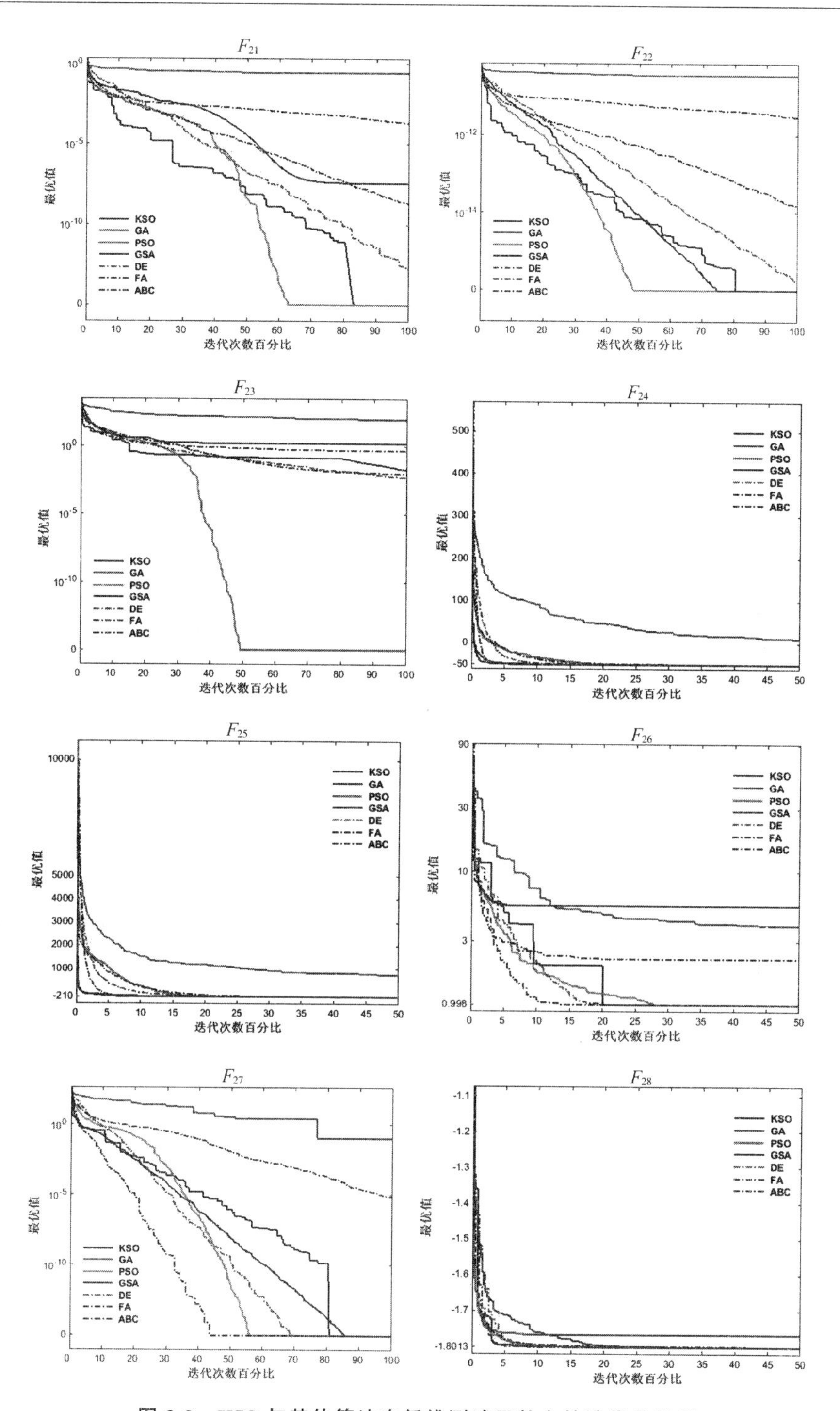

图 3-9　KSO 与其他算法在低维测试函数上的迭代曲线图

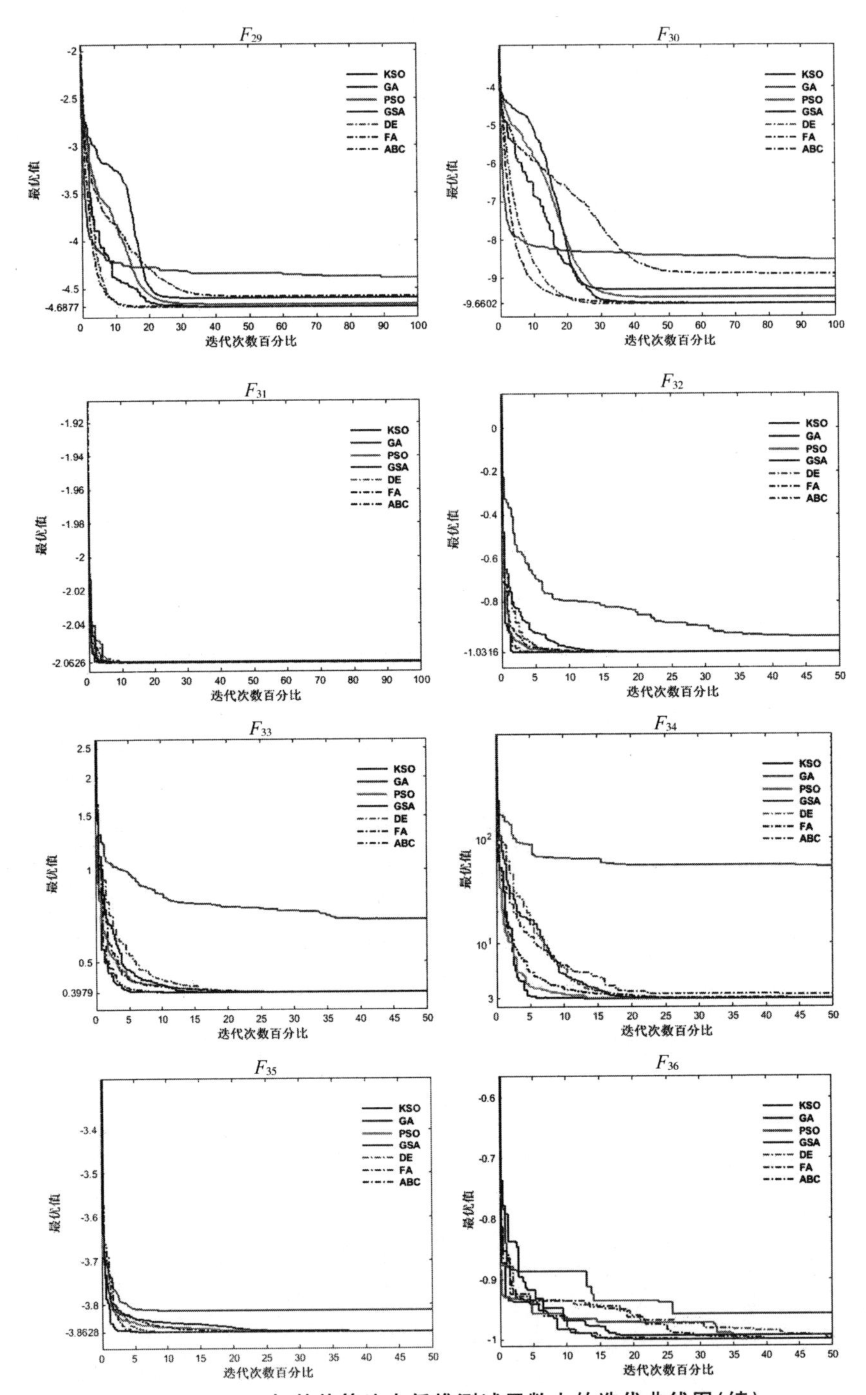

图 3-9　KSO 与其他算法在低维测试函数上的迭代曲线图(续)

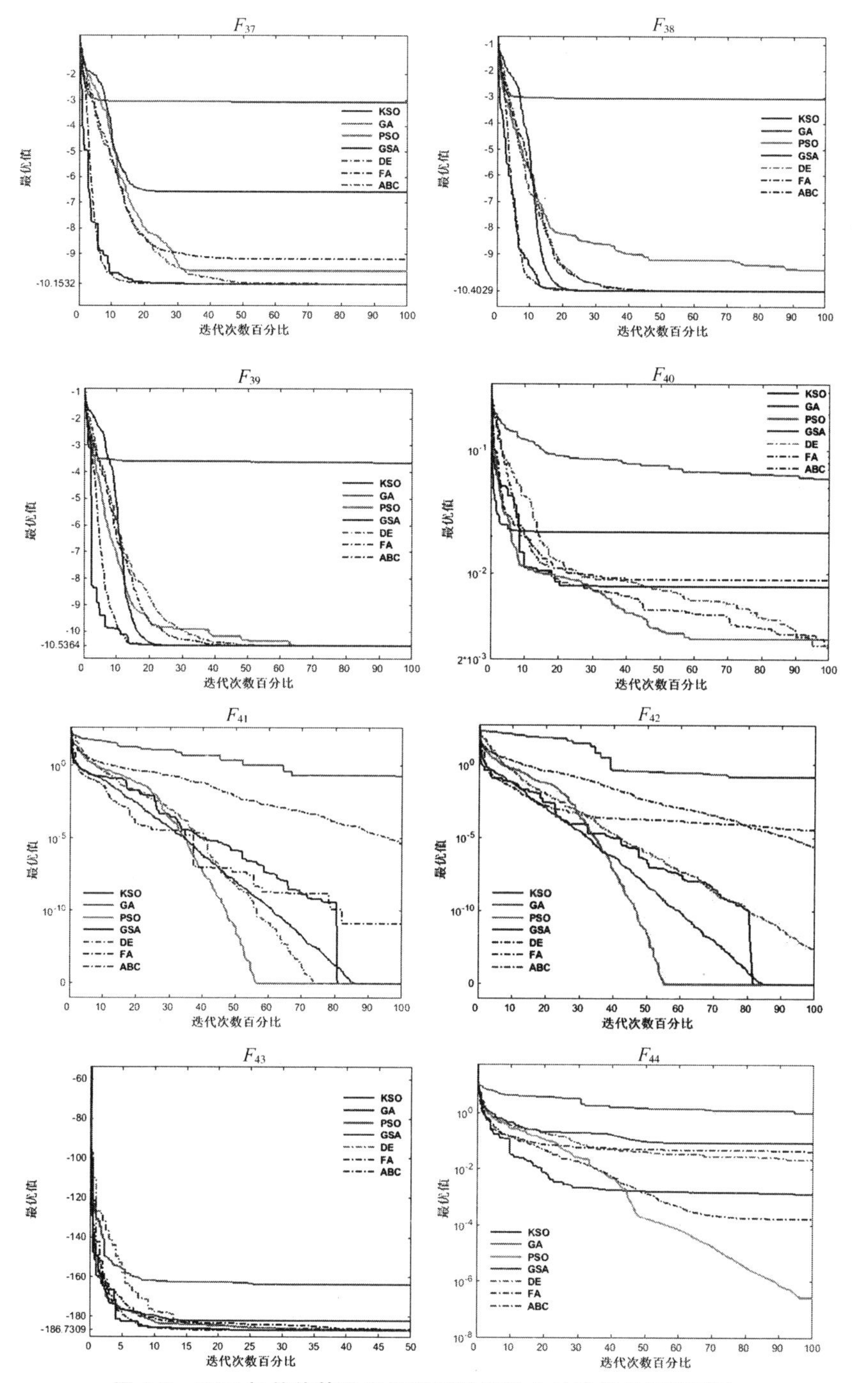

图 3-9　KSO 与其他算法在低维测试函数上的迭代曲线图(续)

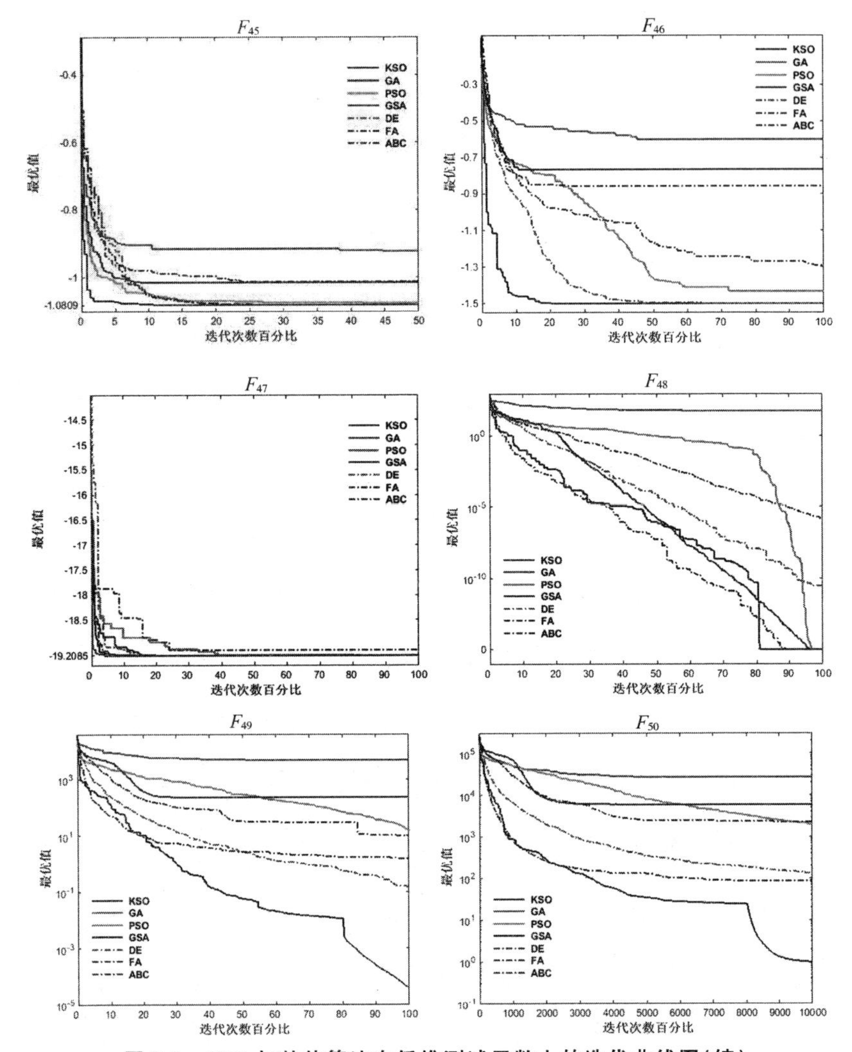

图 3-9　KSO 与其他算法在低维测试函数上的迭代曲线图(续)

KSO 通过核映射将非线性函数的优化过程转化为在更高维空间的线性函数的优化过程。在转换过程中，通过核函数来近似拟合目标函数，核函数的最优值近似为目标函数的最优值。通过多次迭代，核函数的最优值逐渐接近目标函数的最优值，近似模拟了更高维空间沿着"直线"的递增或递减过程，从而实现了对非线性函数最优值的搜索。因此，KSO 的迭代过程试图成为涵盖其他元启发式算法的通用迭代过程，能够自适应不同的目标函数优化，无需仔细调整算法的超参数。

3.4 结 论

本章提出了一种基于核映射的核搜索优化算法,将非线性的目标函数寻优过程通过核函数映射到高维的线性搜索过程,以尝试能够涵盖统一其他元启发式算法的搜索过程。核函数与目标函数的自动拟合,能够自适应不同的非线性目标函数寻优过程,避免了类似其他算法需要对优化参数进行的仔细调整。与其他算法进行的大规模函数测试对比实验表明,KSO 表现出了更好的性能,同时缩短了算法消耗的 CPU 时间,验证了通过核映射进行迭代搜索最优值的可行和有效性。但 KSO 在某些不可分离变量目标函数上的表现一般,且需要局部搜索提高精度,说明 KSO 仍有进一步改进的空间。

第四章　核搜索优化算法在经济排放调度中的应用

4.1　引　言

随着人们对环境保护的日益关注，经济排放调度问题（combined economic emission dispatch，CEED）成为了电力系统管理中最具现实意义的任务之一。它需要同时最小化燃料成本和污染排放，同时需要满足大量的电力约束条件，如功率平衡和发电机出力限制等。CEED本质上是一个具有两个矛盾目标的多目标优化问题（multi-objective problem，MOP）[84]，引起了学者们的广泛关注。

近几十年来，学者们对CEED问题进行了大量研究。然而，线性规划[85]，二次规划[86]或快速λ迭代[87]等传统方法对于求解CEED问题并不令人满意，因为这些传统方法对初始解比较敏感，并且常常陷入局部最优。因此，很多文献提出采用元启发式优化算法来解决CEED问题。对于多目标的CEED问题一般有两种方法进行求解，一种是将多目标问题转化为单目标优化问题，然后使用元启发式优化算法对单目标进行求解。如遗传算法（GA）[88]，粒子群优化算法（PSO）[25]，微分进化算法（DE）[89]，引力搜索算法（OGSA）[90]，和声搜索算法（OHS）[91]，螺旋优化算法（SOA）[92]，病毒优化算法（VOA）[93]，飞蛾搜索算法（MSA）[94]，花朵授粉算法（FPA）[95]，改进的细菌觅食算法（MFFA）[96]以及带电系统搜索算法（CSS）[97]等。

另一种方法采用元启发式优化算法的多目标版本，同时最小化燃料成本和污染排放，得到一系列帕累托解。这类方法有小生境帕累托遗传算法

(NPGA)[98]，增强帕累托进化算法(SPEA)[99]，多目标进化算法(MOEA)[99]，非支配排序遗传算法(NSGA)[99]，多目标粒子群优化算法(MOPSO)[100]，改进分散搜索算法(ISS)[101]，对立学习优化算法(QLTLBO)[102]以及基于求和的多目标差分进化算法[103]等。

上述元启发式优化算法求解 CEED 问题得到的研究结果中，即使是很微小的改进对环境保护和经济运行也是非常有现实意义的[104]。而且，在 MOP 的帕累托解集中选取出一个最佳的复合解是很困难的。同时，各种算法需要仔细调整其参数，才能获得最佳的调度方案。因此，本章采用新提出的流体搜索优化算法和核搜索优化算法分别应用到 CEED 问题中，并采用权重加和法将 CEED 问题转化为单目标问题，进一步验证两种新算法在工程应用实践中的有效性。

4.2　经济排放调度问题

4.2.1　经济排放调度问题的目标函数

CEED 问题是指在满足各电力约束条件下，通过调整各发电机组的出力，同时最小化燃料消耗成本和有害污染排放的最优化问题。其中，燃料消耗成本的函数形式可以用下式描述[105]：

$$C=\sum_{i=1}^{N}\left[a_i+b_iP_i+c_iP_i^2+\left|e_i\sin(f_i(P_i^{min}-P_i))\right|\right] \tag{4-1}$$

其中：C 为燃料消耗的经济成本，单位为(美元/h)；a_i，b_i 和 c_i 为第 i 个发电机厂的燃料消耗系数；e_i 和 f_i 为阀点效应系数；P_i 为第 i 个发电机组的有功出力；N 为系统中发电机组的数目。若 e_i 和 f_i 均为 0，则称为不计阀点效应的经济排放调度问题；若 e_i 和 f_i 不为 0，则称为计及阀点效应的经济排放调度问题。

有害污染排放的函数形式可以用下式描述[106]：

$$E=\sum_{i=1}^{N}\left[\alpha_i+\beta_iP_i+\gamma_iP_i^2+\eta_i\exp(\delta_iP_i)\right] \tag{4-2}$$

其中：E 为有害污染的排放量，单位为(t/h)，α_i，β_i，γ_i，η_i 和 δ_i 为污染排放系数。

这是一个具有两个矛盾目标函数 C 和 E 的多目标优化问题，很多方法可以将多目标问题转化为单目标优化问题。其中一种常用的方法是权重加和法(weighted sum method，WSM)。权重加和法引入了权重因子，将两个目标函数 C 和 E 合并到一起[107]。合并后的最终目标函数如下：

$$F = wC + \gamma(1 - w)E \tag{4-3}$$

其中：w 为加和权重因子，γ 为比例因子。

4.2.2 经济排放调度问题的约束条件

经济排放调度问题需要满足电力系统的约束条件，如下：

(1)功率平衡约束：所有发电机组的有功出力必须满足负荷需求和系统网损[87]。即：

$$\sum_{i=1}^{N} P_i = P_D + P_L, P_L = \sum_{i=1}^{N}\sum_{j=1}^{N} P_i B_{ij} P_j + \sum_{i=1}^{N} B_{0i} P_i + B_{00} \tag{4-4}$$

其中：P_D 为有功负荷，P_L 为有功网损，B_{ij} 为网损系数。

(2)发电机组容量约束：每个发电机组的有功出力应在其最小值与最大值之间。即：

$$P_i^{\min} \leqslant P_i \leqslant P_i^{\max} \tag{4-5}$$

其中：$P_i^{\max}$ 和 $P_i^{\min}$ 为第 i 个发电机组有功出力的上界和下界。

包括 FSO 和 KSO 算法在内的元启发式算法只能处理无约束条件的优化问题，对于带约束的优化问题需要将其转化为无约束优化问题进行求解。对于元启发式算法来说，不等式约束(4-5)一般较容易满足，在粒子初始化阶段设置成均匀分布的上下限即可。而对于等式约束(4-4)则较难满足，本节介绍一种通过迭代逼近来满足等式约束条件的方法。

设随机初始化 $N-1$ 个发电机组有功出力为 P_i，

$$P_i = P_i^{\min} + \text{rand}[0,1] \times (P_i^{\max} - P_i^{\min}) \tag{4-6}$$

该 $N-1$ 个 P_i 的值共同构成一个粒子的位置，且该 $N-1$ 个 P_i 必满足约束条件(4-5)。而第 N 个发电机组出力需要根据式(4-4)通过迭代求出。

下面是迭代求解步骤：

步骤1：根据 $N-1$ 个发电机组有功出力 P_i，求出第 N 个发电机组的初始有功出力：

$$P_N^{\mathrm{old}}=P_D-\sum_{i=1}^{N-1}P_i \tag{4-7}$$

其中：P_N^{old} 为第 N 个发电机组的初始有功出力。

步骤2：根据 N 个发电机组有功出力 P_i，求出系统的有功损耗：

$$P_L^{\mathrm{old}}=\sum_{i=1}^{N}\sum_{j=1}^{N}P_iB_{ij}P_j+\sum_{i=1}^{N}B_{0i}P_i+B_{00} \tag{4-8}$$

其中：$P_N=P_N^{\mathrm{old}}$ 。

步骤3：根据系统负荷 P_D，$N-1$ 个发电机组有功出力 P_i，系统的有功损耗 P_L^{old}，求出第 N 个发电机组的新的有功出力

$$P_N^{\mathrm{new}}=P_D-\sum_{i=1}^{N-1}P_i-P_L^{\mathrm{old}} \tag{4-9}$$

步骤4：计算 $\varepsilon=|P_N^{\mathrm{new}}-P_N^{\mathrm{old}}|$，如果 $\varepsilon>$允许误差，则返回步骤2；否则保存 $P_N=P_N^{\mathrm{new}}$ 并退出。

对于由上述迭代步骤求解出的 P_N，能够满足等式约束(4-4)，但并不能保证其一定落在可行域$[P_N^{\min},P_N^{\max}]$之内。可以引入一个简单的罚函数对其超出取值范围的部分进行惩罚，以促使优化算法最终搜索到的 P_N 最优值能够落在可行域范围内。引入罚函数后的目标函数如下：

$$\widetilde{F}=F+\lambda[\max(P_N^{\min}-P_N,0)+\max(P_N-P_N^{\max},0)] \tag{4-10}$$

其中：λ 为惩罚因子。

由此，带约束的经济排放调度问题即可转化为以(4-10)式为目标函数的无约束优化问题，可由优化算法直接进行求解。

4.3　流体搜索优化算法在经济排放调度中的应用

本节引入了经济排放调度问题中的两个典型案例，对 FSO 算法进行应用测试。分别是：案例1：IEEE-30 节点系统($P_D=2.834$pu)，属于计及阀点

效应的 CEED 问题;案例 2:69 节点,11 燃煤发电机系统(P_D=2500MW),属于不计阀点效应的 CEED 问题。两个案例的数据均来源于文献[104]。FSO 中,流体粒子数目 $N=50$,最大迭代次数 $M=100$,最大密度比例 $\theta=20\%$,最终结果为 30 次运行的最好结果。

4.3.1 流体搜索优化算法在 IEEE-30 节点系统的优化结果

表 4-1 给出了案例 1 中权重因子 w 从 0 变化到 1,步长为 0.1 的 FSO 优化结果。其中,$P_1 \sim P_6$ 为 6 个发电机组的有功出力,V 的值为等式约束(4-4)的违反程度,由 $V=\left|\sum_{i=1}^{N} P_i - P_D - P_L\right|$ 计算得出。为了电力系统的稳定,发电机组需要尽可能地满足负荷需求,因此 V 是一个重要的参数。P_L 代表了电力系统网损。而燃料成本 C 与污染排放 E 共同构成了图 4-1 所示的帕累托解集,该图同时给出了其他文献中一些算法的最优复合解。其他算法的最优复合解距离 FSO 的帕累托解集越远,说明 FSO 的性能越好。从图 4-1 中可以看出,MOPSO[100],NPGA[98] 和 NSGA-[103] 得出的最优复合解明显在帕累托解集的上方,而 SPEA[98],NSBF[25],FSBF[25] 以及 MBFA[96] 得出的最优复合解也位于帕累托解集的上侧,说明 FSO 的结果要优于这些算法。同时,SMODE[103],MOEA/D[99],NGPSO[104] 得出的最优复合解刚好位于帕累托解集上,说明了 FSO 与这些算法的表现相当。

表 4-1 案例 1 中不同权重 ω 对应的燃料成本,污染排放和网损的优化结果

w	P_1	P_2	P_3	P_4	P_5	P_6	V	P_L/pu	C/(美元·h^{-1})	E/(t·h^{-1})
0.0	0.411 2	0.463 9	0.544 8	0.390 8	0.544 9	0.515 8	2.08E−03	0.035 4	646.685 3	0.194 2
0.1	0.361 3	0.438 1	0.550 2	0.478 5	0.547 8	0.491 3	1.63E−03	0.031 6	635.233 8	0.194 8
0.2	0.318 5	0.415 0	0.555 4	0.556 0	0.549 8	0.469 5	1.25E−03	0.029 0	626.749 0	0.196 2
0.3	0.281 4	0.394 2	0.560 4	0.625 5	0.550 7	0.449 9	9.26E−04	0.027 2	620.424 3	0.198 3
0.4	0.248 9	0.375 4	0.565 0	0.688 7	0.550 6	0.432 2	6.41E−04	0.026 0	615.708 9	0.200 9
0.5	0.220 0	0.358 3	0.569 1	0.747 0	0.549 4	0.416 1	3.89E−04	0.025 3	612.219 1	0.203 7
0.6	0.194 1	0.342 6	0.572 7	0.801 4	0.547 0	0.401 3	1.64E−04	0.025 0	609.682 3	0.206 8
0.7	0.170 8	0.328 3	0.575 7	0.852 8	0.543 5	0.387 7	3.95E−05	0.024 9	607.903 0	0.210 1
0.8	0.149 7	0.315 1	0.578 2	0.901 8	0.538 9	0.375 1	2.26E−04	0.025 0	606.740 0	0.213 6

续表

w	P_1	P_2	P_3	P_4	P_5	P_6	V	P_L/pu	C/(美元·h^{-1})	E/(t·h^{-1})
0.9	0.130 4	0.302 9	0.580 0	0.949 2	0.533 0	0.363 4	3.97E−04	0.025 4	606.091 7	0.217 2
1.0	0.112 6	0.291 6	0.581 3	0.995 4	0.525 9	0.352 5	5.57E−04	0.025 8	605.887 2	0.221 1

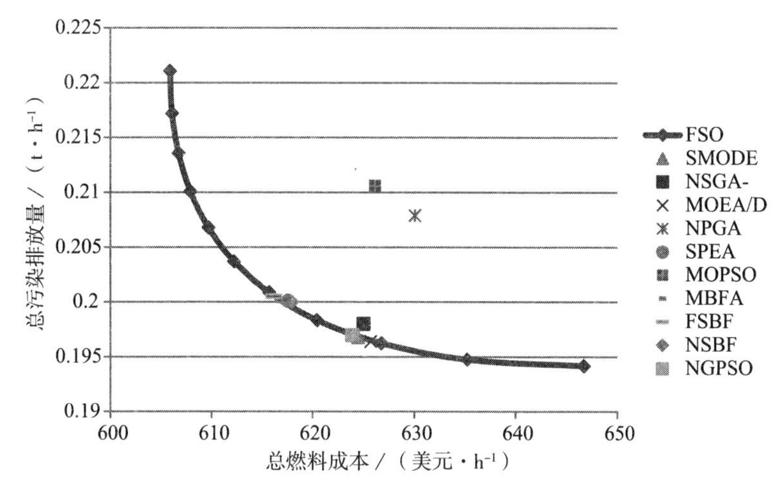

图 4-1　案例 1 中 FSO 求得的帕累托解与其他算法求得的最优复合解

表 4-2 给出了案例 1 中 FSO 求得的最小燃料成本(w=1.0)和最小污染排放(w=0.0)与其他算法的对比结果。总体来看,所有算法对案例 1 求得的结果并未相差太多,各算法的结果即使是微小的改进也是非常困难的。对于最小燃料成本而言,FSO 相较于其他算法(除了 ISS)得到了 605.89(美元/h)这个更优的结果,特别是要优于 SMODE[103],MOEA/D[99] 和 NGPSO[104] 这些在帕累托解集上与 FSO 表现相当的算法。而 ISS 虽然得出了更小的燃料成本,但却是以最大的电力不平衡为代价的。同时可以看到 FSO 略优于 KSO 的结果。对于最小污染排放而言,FSO 得到了所有算法中的最小值——0.194178(t/h)。因此,以上各种实验结果表明 FSO 在案例 1 上具有更好的搜索优化能力。

表 4-2　案例 1 中不同算法求得的最小燃料成本和最小污染排放的比较结果

算法	最小燃料成本 (w=1.0)				最小污染排放 (w=0.0)			
	C/(美元·h^{-1})	E/(t/h)	P_L/pu	V/pu	C/(美元·h^{-1})	E/(t/h^{-1})	P_L/pu	V/pu
MBFA[96]	606.17	0.217 4	0.025 5	1.89E−05	643.84	0.194 201	0.034 5	2.51E−05
MSA[94]	606.00	0.220 7	0.025 6	3.96E−05	646.20	0.194 179	0.035 3	2.71E−05

续表

算法	最小燃料成本（w=1.0）				最小污染排放（w=0.0）			
	C/（美元·h^{-1}）	E/(t/h)	P_L/pu	V/pu	C/（美元·h^{-1}）	E/（t/h^{-1}）	P_L/pu	V/pu
PSOGSA[104]	606.00	0.220 7	0.025 6	6.10E−05	646.21	0.194 179	0.035 3	2.92E−05
MODE/PSO[25]	606.01	0.220 9	0.025 6	1.45E−04	646.02	0.194 200	0.035 3	4.65E−05
MOPSO[100]	607.84	0.219 2	0.025 5	7.38E−03	642.90	0.194 230	0.034 6	3.82E−03
PSO(wsm)[108]	607.78	0.219 8	0.025 7	7.45E−03	645.23	0.194 180	0.035 2	4.13E−03
MOPSO-II[108]	607.79	0.219 3	0.025 7	7.56E−03	644.74	0.194 185	0.035 0	4.11E−03
GA(wsm)[99]	607.78	0.219 9	0.025 6	7.58E−03	645.22	0.194 180	0.035 2	4.12E−03
NSGA[99]	607.98	0.219 1	0.026 5	8.07E−03	638.98	0.194 678	0.032 7	2.96E−03
NPGA[98]	608.06	0.220 7	0.025 1	8.59E−03	644.23	0.194 270	0.035 5	4.06E−03
SPEA[98]	607.86	0.217 6	0.025 8	7.43E−03	644.77	0.194 279	0.034 7	4.66E−03
DE[89]	608.07	0.219 3	0.025 5	8.72E−03	645.09	0.194 181	0.035 2	4.80E−03
FCPSO[96]	607.79	0.220 1	0.026 1	7.39E−03	642.90	0.194 218	0.034 5	3.64E−03
GSA[90]	606.00	0.220 7	0.025 6	1.37E−04	646.21	0.194 179	0.035 3	6.98E−05
OGSA[90]	606.00	0.220 7	0.025 6	5.69E−05	646.21	0.194 179	0.035 3	2.92E−05
CSS[97]	605.99	0.220 4	0.025 4	7.22E−05	645.66	0.194 179	0.032 9	2.40E−03
NGPSO[104]	606.00	0.220 7	0.025 6	1.37E−04	646.21	0.194 179	0.035 3	6.98E−05
SMODE[103]	619.07	0.203 4	0.021 6	2.49E−03	643.01	0.194 201	0.034 4	4.50E−03
ISS[101]	603.59	0.215 9	0.024 5	1.28E−02	633.39	0.194 469	0.031 8	2.20E−02
BBMOPSO[84]	605.98	0.220 2	0.025 6	1.24E−04	646.48	0.194 179	0.035 4	2.92E−05
MOEA/D[99]	619.53	0.201 7	0.022 7	2.39E−03	644.98	0.194 187	0.034 8	5.02E−03
KSO	605.90	0.221 1	0.025 8	5.18E−04	646.22	0.194 178	0.035 3	6.98E−05
FSO	605.89	0.221 1	0.025 8	5.57E−04	646.69	0.194 178	0.035 4	2.08E−03

4.3.2 流体搜索优化算法在 11 发电机系统的优化结果

表 4-3 给出了案例 2 中权重因子 w 从 0 变化到 1，步长为 0.1 的 FSO 优化结果。燃料成本 C 与污染排放 E 共同构成了图 4-2 所示的帕累托解集，该图同时给出了其他文献中一些算法的最优复合解。从图 4-1 中可以看出，GA-SC[111]，GSA[112]，SRA[113]，PSO[113]，DE[113]，λ-迭代[113] 以及 RA[113] 得出的最优复合解明显在帕累托解集的上方，这些最优复合解集中在 FSO 帕累托解集中 w=0.6 时所对应的解附近。表 4-4 给出了 FSO 帕累托解集中w=

0.6时的解与其他算法最优复合解的数值结果,可以看出FSO得到的解是这些算法所得最优复合解的支配解。同时,NGPSO[104]得出的最优复合解刚好位于帕累托解集上,说明了FSO与NGPSO的表现相当。

表 4-3 案例 2 中不同权重 w 对应的燃料成本,污染排放和网损的优化结果

w	0.0	0.1	0.2	0.3.	0.4	0.5	0.6	0.7	0.8	0.9	1.0
P_1	250.00	247.79	218.85	193.97	170.78	149.06	128.64	109.37	91.10	73.72	57.11
P_2	210.00	210.00	196.30	172.08	149.59	128.60	108.92	90.40	72.89	56.28	40.44
P_3	250.00	250.00	236.61	216.03	194.72	172.82	150.45	127.71	104.68	81.40	57.88
P_4	167.16	168.46	174.96	183.07	191.43	200.24	209.82	220.70	233.84	251.20	277.70
P_5	142.34	142.28	146.70	152.29	157.68	162.90	167.97	172.92	177.76	182.46	186.88
P_6	167.16	168.30	174.53	182.20	189.88	197.70	205.81	214.45	223.99	235.12	249.19
P_7	142.34	142.27	146.62	152.04	157.14	161.92	166.34	170.33	173.74	176.25	177.07
P_8	316.76	316.60	325.70	336.92	347.32	356.83	365.34	372.61	378.22	381.34	380.20
P_9	275.79	275.91	283.99	293.97	303.39	312.22	320.41	327.85	334.31	339.28	341.61
P_{10}	302.67	302.52	311.74	323.24	334.12	344.35	353.89	362.60	370.19	376.04	378.58
P_{11}	275.79	275.88	284.02	294.20	303.97	313.36	322.39	331.06	339.30	346.92	353.33
C/(美元·h^{-1})	13 047	13 040	12 889	12 727	12 596	12 492	12 410	12 350	12 308	12 283	12 274
E/(t·h^{-1})	1659	1660	1688	1742	1812	1898	1997	2110	2235	2376	2541

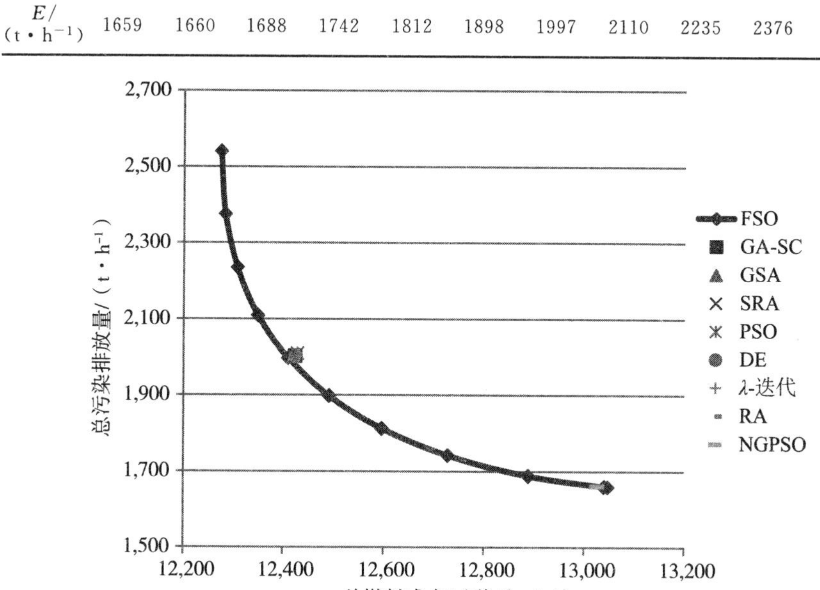

图 4-2 案例 2 中 FSO 求得的帕累托解与其他算法求得的最优复合解

表 4-4　FSO 帕累托解集中 $w=0.6$ 时的解与其他算法最优复合解的对比结果

算法	GA-SC	GSA	SRA	PSO	DE	λ-iteration	RA	KSO	FSO
$C/(美元 \cdot h^{-1})$	12 423.77	12 422.662 6	12 424.94	12 428.63	12 425.06	12 424.94	12 424.94	12 400.31	12 410.31
$E/(t \cdot h^{-1})$	2 003.030 4	2 002.949 9	2 003.3	2 009.72	2 003.35	2 003.301	2 003.3	1 997.157 1	1 997.157 1

表 4-5 和表 4-6 给出了案例 2 中 FSO 求得的最小燃料成本($w=1.0$)和最小污染排放($w=0.0$)与其他算法的比较结果。由于案例 2 属于不计阀点效应的 CEED 问题,已经退化为二次规划问题,因此某些算法搜索到了理论最优值。对于最小燃料成本而言,FSO 与 KSO 相较于其他算法得到了 12274.40(美元/h)这个最优的结果,而对于最小污染排放而言,FSO 与 KSO 得到了所有算法中的最小值——1659.3383(t/h)。因此,这些实验结果均表明了 FSO 与 KSO 在案例 2 上具有更好的搜索优化能力。

表 4-5　案例 2 中不同算法求得的最小燃料成本的比较结果[104]

算法	最小燃料成本($w=1.0$)				
	GQPSO	SAIWPSO	NGPSO	KSO	FSO
P_1	87.035 4	57.061 0	57.112 9	57.113 4	57.113 4
P_2	49.476 6	40.297 6	40.434 8	40.436 1	40.436 1
P_3	53.723 3	57.922 2	57.880 2	57.881 3	57.881 3
P_4	249.693 7	278.149 1	277.704 4	277.703 1	277.703 1
P_5	202.327 1	188.109 8	186.876 5	186.879 4	186.879 4
P_6	176.396 6	249.384 0	249.186 6	249.186 1	249.186 1
P_7	156.682 2	177.867 1	177.073 5	177.074 0	177.074 0
P_8	388.689 5	380.021 2	380.199 0	380.197 4	380.197 4
P_9	410.672 1	341.002 0	341.611 9	341.614 8	341.614 8
P_{10}	346.505 3	378.650 2	378.586 7	378.583 5	378.583 5
P_{11}	378.798 3	351.535 9	353.333 4	353.330 9	353.330 9
$C/(美元 \cdot h^{-1})$	12 300.86	12 274.41	12 274.40	12 274.40	12 274.40
$E/(t \cdot h^{-1})$	2 465.928 3	2 541.459 9	2 540.536 7	2 540.528	2 540.528

表 4-6　案例 2 中不同算法求得的最小污染排放的比较结果[104]

算法	最小污染排放($w=0.0$)				
	GQPSO	SAIWPSO	NGPSO	KSO	FSO
P_1	250.000 0	250.000 0	250.000 0	250.000 0	250.000 0
P_2	210.000 0	210.000 0	210.000 0	210.000 0	210.000 0
P_3	250.000 0	250.000 0	250.000 0	250.000 0	250.000 0
P_4	224.376 6	167.325 8	167.154 9	167.155 0	167.155 0
P_5	146.896 3	142.604 3	142.336 4	142.336 1	142.336 1
P_6	222.530 1	167.373 9	167.155 1	167.155 0	167.155 0
P_7	151.731 6	142.612 3	142.336 3	142.336 1	142.336 1
P_8	262.669 7	316.899 4	316.758 1	316.758 9	316.758 9
P_9	261.046 0	275.748 2	275.792 4	275.792 3	275.792 3
P_{10}	260.774 5	301.774 3	302.674 3	302.674 4	302.674 4
P_{11}	259.975 1	275.661 7	275.792 5	275.792 3	275.792 3
C/(美元・h^{-1})	13 043.97	13 046.61	13 046.67	13 046.67	13 046.67
E/(t・h^{-1})	1 722.032 8	1 659.342 9	1 659.338 3	1 659.338 3	1 659.338 3

本节给出的两个案例，均表明了 FSO 算法在经济排放调度中的优良表现。FSO 获得的帕累托解集，要优于大多数算法的最优复合解。而且无论是最小燃料成本还是最小污染排放，FSO 均优化出了更好的结果，节约了燃料成本，减少了污染排放。因此，FSO 在经济排放调度的应用中取得了较好的效果。

4.4　核搜索优化算法在经济排放调度中的应用

本节引入了经济排放调度问题中的三个典型案例，验证 KSO 算法的性能。分别是：案例 1：IEEE-30 节点系统($P_D=2.834$pu)，案例 2：10 节点系统($P_D=$ 2000MW)和案例 3：40 节点系统。三个案例均属于计及阀点效应的 CEED 问题，数据参数来源于文献[104]。在 KSO 中，粒子数目 $N=10$，最大迭代次数 $M=100$，最终结果为算法 30 次运行后的最好结果。算法运行在 2.4-GHz Intel

Xeon CPU(E5-2665),32G 内存的服务器上,采用 Matlab 2014b 版本。

4.4.1 流体搜索优化算法在 IEEE-30 节点系统的优化结果

表 4-7 给出了案例 1 中权重因子 w 从 0 变化到 1,步长为 0.1 的 KSO 优化结果。

表 4-7 案例 1 中不同权重 ω 对应的燃料成本,污染排放和网损的优化结果

w	P_1	P_2	P_3	P_4	P_5	P_6	V	P_L/pu	C/(美元·h^{-1})	E/(t·h^{-1})
0.0	0.410 9	0.463 7	0.544 4	0.390 4	0.544 5	0.515 5	6.98E−05	0.035 3	646.220 8	0.194 2
0.1	0.362 6	0.436 9	0.550 1	0.477 8	0.547 2	0.491 0	7.54E−06	0.031 6	634.939 9	0.194 8
0.2	0.321 2	0.413 0	0.555 6	0.555 0	0.549 1	0.469 1	6.48E−06	0.029 0	626.581 3	0.196 2
0.3	0.285 2	0.391 5	0.560 9	0.624 3	0.549 9	0.449 4	3.29E−05	0.027 2	620.336 6	0.198 3
0.4	0.253 6	0.372 1	0.565 7	0.687 3	0.549 6	0.431 7	5.78E−05	0.026 1	615.682 7	0.200 8
0.5	0.225 5	0.354 6	0.570 1	0.745 4	0.548 2	0.415 6	7.24E−05	0.025 3	612.269 1	0.203 6
0.6	0.200 4	0.338 5	0.573 9	0.799 6	0.545 7	0.400 8	3.21E−05	0.024 9	609.740 5	0.206 6
0.7	0.177 7	0.323 9	0.577 2	0.850 8	0.542 1	0.387 2	9.34E−05	0.024 8	608.011 4	0.209 9
0.8	0.157 1	0.310 4	0.579 9	0.899 6	0.537 2	0.374 6	8.85E−05	0.024 9	606.821 9	0.213 3
0.9	0.138 3	0.297 9	0.582 0	0.946 8	0.531 2	0.362 9	5.05E−05	0.025 2	606.189 4	0.216 9
1.0	0.112 7	0.291 7	0.581 1	0.995 3	0.526 1	0.352 4	5.18E−04	0.025 8	605.896 0	0.221 1

燃料成本 C 与污染排放 E 共同构成了图 4-3 所示的帕累托解集,该图同时给出了其他文献中一些算法的最优复合解。其他算法的最优复合解距离 KSO 的帕累托解集越远,说明 KSO 的性能越好。从图 4-3 中可以看出,MOPSO[100],NPGA[98] 以及 NSGA-[103] 得出的最优复合解明显在帕累托解集的上方,而 SPEA[98],NSBF[25] 和 FSBF[25] 得出的最优复合解也位于帕累托解集的上侧,说明 KSO 算法的结果要优于这些算法。同时,SMODE[103],MOEA/D[99],MBFA[96] 和 NGPSO[104] 得出的最优复合解刚好位于帕累托解集上,说明了 KSO 与这些算法的表现相当。

表 4-8 给出了案例 1 中 KSO 求得的最小燃料成本(w=1.0)和最小污染

排放($w=0.0$)与其他算法的比较结果。对于最小燃料成本而言，KSO 相较于其他算法(除了 ISS 和 FSO)得到了 605.896 0(美元/h)这个更优的结果，特别是要优于 SMODE[103]，MOEA/D[99]，MBFA[96] 和 NGPSO[104] 这些在帕累托解集上与 KSO 表现相当的算法。虽然 ISS 得出了更小的燃料成本，但却是以最大的功率不平衡为代价的。对于最小污染排放而言，KSO 得到了所有算法中的最小值——0.194 178(t/h)。因此，无论是最小燃料成本还是最小污染排放，KSO 均获得了比其他相关算法(除 FSO 外)更好的优化结果。综合案例 1 的实验结果表明，KSO 具有更好的搜索优化能力。

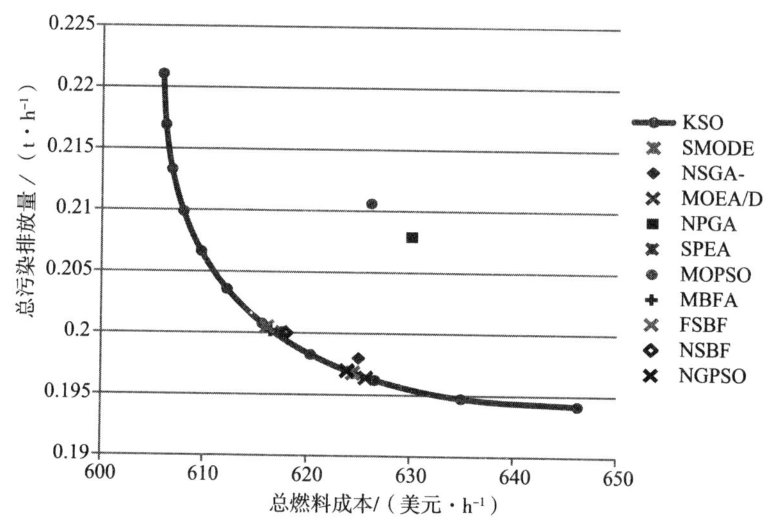

图 4-3　案例 1 中 KSO 求得的帕累托解集与其他算法求得的最优复合解

表 4-8　案例 1 中不同算法求得的最小燃料成本和最小污染排放的比较结果

算法	最小燃料成本($w=1.0$)				最小污染排放($w=0.0$)			
	C/(美元・h^{-1})	E/(t・h^{-1})	P_L/pu	V/pu	C/(美元・h^{-1})	E/(t・h^{-1})	P_L/pu	V/pu
MBFA[96]	606.170 0	0.217 4	0.025 5	1.89E−05	643.84	0.194 201	0.034 5	2.51E−05
MSA[94]	605.998 4	0.220 7	0.025 6	3.96E−05	646.20	0.194 179	0.035 3	2.71E−05
PSOGSA[104]	605.998 4	0.220 7	0.025 6	6.10E−05	646.21	0.194 179	0.035 3	2.92E−05
MODE/PSO[25]	606.007 3	0.220 9	0.025 6	1.45E−04	646.02	0.194 200	0.035 3	4.65E−05
MOPSO[100]	607.840 0	0.219 2	0.025 5	7.38E−03	642.90	0.194 230	0.034 6	3.82E−03

续表

算法	最小燃料成本(w=1.0)				最小污染排放(w=0.0)			
	C/(美元·h^{-1})	E/($t\cdot h^{-1}$)	P_L/pu	V/pu	C/(美元·h^{-1})	E/($t\cdot h^{-1}$)	P_L/pu	V/pu
PSO(wsm)[108]	607.840 0	0.219 8	0.025 7	7.45E−03	645.23	0.194 230	0.035 2	4.13E−03
MOPSO-II[108]	607.790 0	0.219 3	0.025 7	7.56E−03	644.74	0.194 185	0.035 0	4.11E−03
GA(wsm)[99]	607.781 4	0.219 9	0.025 6	7.58E−03	645.22	0.194 180	0.035 2	4.12E−03
NSGA[99]	607.980 0	0.219 1	0.026 5	8.07E−03	638.98	0.194 678	0.032 7	2.96E−03
NPGA[98]	608.059 3	0.220 7	0.025 1	8.59E−03	644.23	0.194 270	0.035 5	4.06E−03
SPEA[98]	607.860 0	0.217 6	0.025 8	7.43E−03	644.77	0.194 279	0.034 7	4.66E−03
DE[89]	608.065 8	0.219 3	0.025 5	8.72E−03	645.09	0.194 181	0.035 2	4.80E−03
FCPSO[96]	607.786 0	0.220 1	0.026 1	7.39E−03	642.90	0.194 218	0.034 5	3.64E−03
GSA[90]	605.998 4	0.220 7	0.025 6	1.37E−04	646.21	0.194 179	0.035 3	6.98E−05
OGSA[90]	605.998 2	0.220 7	0.025 6	5.69E−05	646.21	0.194 179	0.035 3	2.92E−05
CSS[97]	605.986 5	0.220 4	0.025 4	7.22E−05	645.66	0.194 179	0.032 9	2.40E−03
NGPSO[104]	605.998 4	0.220 7	0.025 6	1.37E−04	646.21	0.194 179	0.035 3	6.98E−05
SMODE[103]	619.070 0	0.203 4	0.021 6	2.49E−03	643.01	0.194 201	0.034 4	4.50E−03
ISS[101]	603.588 8	0.215 9	0.024 5	1.28E−02	633.39	0.194 469	0.031 8	2.20E−02
BBMOPSO[84]	605.981 7	0.220 2	0.025 6	1.24E−04	646.48	0.194 179	0.035 4	2.92E−05
MOEA/D[99]	619.530 0	0.201 7	0.022 7	2.39E−03	644.98	0.194 187	0.034 8	5.02E−03
FSO	605.887 2	0.221 1	0.025 8	5.18E−04	646.69	0.194 178	0.035 4	1.93E−03
KSO	605.896 0	0.221 1	0.025 8	5.18E−04	646.22	0.194 178	0.035 3	6.98E−05

4.4.2 流体搜索优化算法在10发电机系统的优化结果

表4-9给出了案例2中权重因子 w 从0变化到1，步长为0.1的KSO的优化结果。燃料成本 C 与污染排放 E 共同构成了图4-4所示的帕累托解集，该图同时给出了其他文献中一些算法的最优复合解。从图4-4中可以看出，NSGA-[103]和FPA[95]得出的最优复合解明显在帕累托解集的上方，而

MODE[106]，PDE[106]，SPEA2[106]，GSA[90]和 εv-MOGA[108]得出的最优复合解也位于帕累托解集的上方，这些解集中在 KSO 帕累托解集中的 $w=0.5$ 时所对应的解附近，因此，KSO 所得的解是这些算法最优复合解的支配解。同时，BSA[109]，QOTLBO[102]，TLBO[102]，OGHS[110]，NGPSO[104]得出的最优复合解刚好位于帕累托解集上，说明 KSO 与这些算法的表现相当。

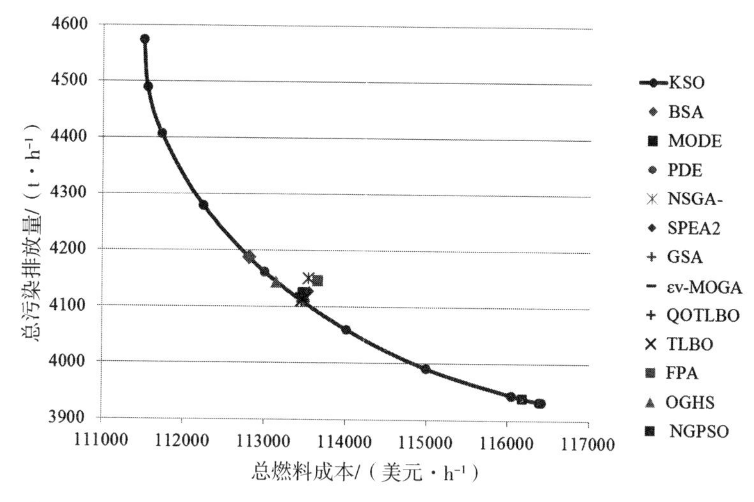

图 4-4　案例 2 中 KSO 求得的帕累托解与其他算法求得的最优复合解

表 4-10 和表 4-11 分别给出了案例 2 中 KSO 求得的最小燃料成本（$w=1.0$）和最小污染排放（$w=0.0$）与其他算法的比较结果。对于最小燃料成本而言，KSO 相较于其他算法得到了 111497.36（美元/h）这个更优的结果，特别是要优于 BSA，QOTLBO，TLBO，OGHS，NGPSO 这些在帕累托解集上与 KSO 表现相当的算法。与排在第二位的 OGHS 算法相比，KSO 节约了 0.25（美元/h）的燃料成本。而且，KSO 要比 FSO 节约了 3.17（美元/h）的燃料成本。对于最小污染排放而言，虽然与很多算法的结果相同，KSO 仍然得到了污染排放的最小值。因此，综合实验结果表明 KSO 在案例 2 上具有更好的搜索优化能力。

表 4-9 案例 2 中不同权重 ω 对应的燃料成本，污染排放和网损的优化结果

w	0.0	0.1	0.2	0.3	0.4	0.5	0.6	0.7	0.8	0.9	1.0
P_1	55.000 0	55.000 0	55.000 0	55.000 0	55.000 0	55.000 0	55.000 0	55.000 0	55.000 0	55.000 0	55.000 0
P_2	80.000 0	80.000 0	80.000 0	80.000 0	80.000 0	80.000 0	80.000 0	80.000 0	80.000 0	80.000 0	80.000 0
P_3	81.134 2	81.109 4	81.077 4	81.365 0	82.528 9	83.891 1	85.931 3	87.837 8	89.828 1	96.581 7	106.780 5
P_4	81.363 7	81.155 6	80.905 7	80.933 3	81.787 4	82.768 3	84.335 4	85.603 4	86.524 2	91.668 3	101.371 9
P_5	160.000 0	160.000 0	160.000 0	160.000 0	160.000 0	152.891 9	133.857 2	116.173 6	99.854 5	89.554 2	80.885 8
P_6	240.000 0	240.000 0	240.000 0	231.681 5	201.730 1	174.948 6	152.344 4	129.996 0	108.546 6	94.184 6	82.991 5
P_7	294.485 1	292.614 7	290.460 5	289.787 2	293.366 4	297.054 4	300.000 0	300.000 0	300.000 0	300.000 0	300.000 0
P_8	297.270 1	296.996 3	296.663 8	298.188 7	304.643 0	311.821 8	317.892 3	325.168 9	330.649 2	340.000 0	340.000 0
P_9	396.765 7	397.808 3	399.017 7	402.450 6	411.401 7	421.719 6	436.195 6	450.764 7	466.264 0	470.000 0	470.000 0
P_{10}	395.576 3	396.951 1	398.557 8	402.482 2	412.074 4	423.225 9	438.826 5	454.966 6	470.000 0	470.000 0	470.000 0
V/MW	4.69E−05	2.76E−12	2.81E−12	2.76E−12	3.20E−12	3.58E−12	4.15E−12	4.77E−12	2.09E−04	2.74E−03	5.99E−03
P_L/MW	81.595 1	81.635 4	81.683 0	81.888 6	82.532 0	83.321 6	84.382 8	85.511 0	86.666 8	86.991 4	87.035 6
C/（美元·h^{-1}）	116 412	11 6401	116 388	116 050	114 995	114 011	112 998	112 243	111 728	111 543	111 497
E/（t·h^{-1}）	3 932.24	3 932.29	3 932.48	3 943.73	3 990.89	4 059.51	4 162.31	4 279.13	4 406.76	4 490.00	4 574.95

表 4-10　案例 2 中不同算法求得的最小燃料成本($\omega=1$)的比较结果

算法	BSA[109]	QOTLBO[102]	TLBO[102]	DE[106]	OGHS[110]	NGPSO[104]	FSO	KSO
P_1	55.000 0	55.000 0	55.000 0	55.000 0	55.000 0	55.000 0	55.000 0	55.000 0
P_2	80.000 0	79.999 1	80.000 0	79.806 3	80.000 0	80.000 0	79.960 7	80.000 0
P_3	106.929 5	107.923 1	105.961 6	106.825 3	106.991 6	106.939 9	107.144 6	106.780 5
P_4	100.602 8	98.647 9	99.932 1	102.830 7	100.535 4	100.576 3	102.820 8	101.371 9
P_5	81.499 0	82.018 0	80.642 4	82.241 8	81.445 0	81.501 7	79.755 1	80.885 8
P_6	83.007 4	83.487 8	85.787 8	80.435 2	83.067 0	83.020 9	82.903 0	82.991 5
P_7	300.000 0	300.000 0	300.000 0	300.000 0	299.999 8	300.000 0	299.983 2	300.000 0
P_8	340.000 0	340.000 0	340.000 0	340.000 0	339.999 9	340.000 0	339.461 9	340.000 0
P_9	470.000 0	469.970 6	469.697 9	470.000 0	470.000 0	470.000 0	469.993 4	470.000 0
P_{10}	470.000 0	469.998 8	469.994 3	469.897 5	469.999 9	470.000 0	470.000 0	470.000 0
V/MW	6.04E−05	2.57E−05	3.86E−05	3.05E−06	3.08E−04	2.29E−05	8.14E−05	5.99E−03
L/MW	87.038 8	87.045 3	87.016 1	87.036 8	87.038 9	87.038 8	87.022 9	87.035 6
C/(美元·h^{-1})	111 497.63	111 498.43	111 500.42	111 500.79	111 497.61	111 497.63	111 500.53	111 497.36
E/(t·h^{-1})	4 572.26	4 568.69	4 563.34	4 581.00	4 572.27	4 572.20	4 581.53	4 574.95

表 4-11　案例 2 中不同算法求得的最小污染排放($\omega=0$)的比较结果

算法	BSA[109]	QOTLBO[102]	TLBO[102]	DE[106]	OGHS[110]	NGPSO[104]	FSO	KSO
P_1	55.000 0	55.000 0	55.000 0	55.000 0	55.000 0	55.000 0	55.000 0	55.000 0
P_2	80.000 0	80.000 0	80.000 0	80.000 0	80.000 0	80.000 0	80.000 0	80.000 0
P_3	81.174 9	81.134 2	81.126 1	80.592 4	81.106 2	81.134 2	81.134 2	81.134 2
P_4	81.358 5	81.363 7	81.364 0	81.023 3	81.412 8	81.363 7	81.363 7	81.363 7
P_5	160.000 0	160.000 0	160.000 0	160.000 0	160.000 0	160.000 0	160.000 0	160.000 0
P_6	240.000 0	240.000 0	240.000 0	240.000 0	239.999 9	240.000 0	240.000 0	240.000 0
P_7	294.443 0	294.484 3	294.479 0	292.743 4	294.506 5	294.485 1	294.485 1	294.485 1
P_8	297.297 0	297.271 0	297.243 9	299.121 4	297.261 7	297.270 1	297.270 1	297.270 1
P_9	396.807 5	396.764 5	396.804 1	394.514 7	396.735 3	396.765 7	396.765 7	396.765 7
P_{10}	395.513 1	395.577 5	395.578 8	398.638 3	395.571 5	395.576 3	395.576 3	395.576 3
V/MW	8.70E−05	4.07E−05	1.12E−04	9.04E−05	2.02E−04	4.69E−05	4.69E−05	4.69E−05
L/MW	81.594 1	81.595 2	81.595 8	81.633 4	81.594 1	81.595 1	81.595 1	81.595 1
C/(美元·h^{-1})	116 412.38	116 412.44	116 412.35	116 404.29	116 412.65	116 412.44	116 412.44	116 412.44
E/($t\cdot h^{-1}$)	3 932.24	3 932.24	3 932.24	3 932.42	3 932.24	3 932.24	3 932.24	3 932.24

4.4.3　流体搜索优化算法在40发电机系统的优化结果

表4-12给出了案例3中权重因子 w 从0变化到1,步长为0.1的KSO优化结果。而燃料成本 C 与污染排放 E 共同构成了图4-5所示的帕累托解集,该图同时给出了其他文献中一些算法的最优复合解。从图4-4中可以看出,GSA[92],MODE[106],PDE[106],TLBO[102],FPA[95],εv-MOGA[108],SPEA2[106]和NSGA-[103]得出的最优复合解明显在帕累托解集的上方,这些复合解集中在KSO帕累托解集中 $w=0.5$ 时所对应的解附近,详见表4-13,表明KSO所得的解是这些算法最优复合解的支配解。同时,SMPSO[25],QOTLBO[102]和NGPSO[104]得出的最优复合解刚好位于帕累托解集上,说明了KSO与这些算法的表现相当。

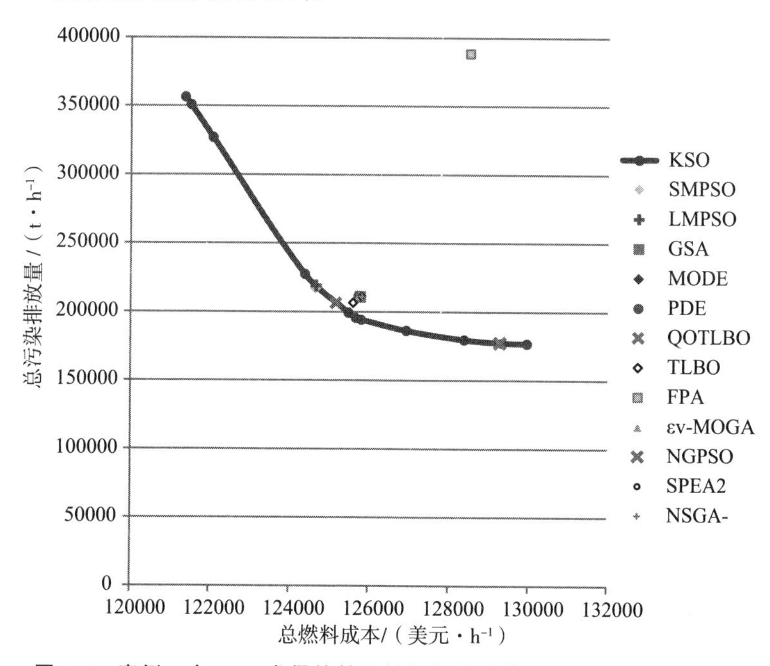

图4-5　案例3中KSO求得的帕累托解与其他算法求得的最优复合解

表 4-12 案例 3 中不同权重 ω 对应的燃料成本,污染排放和网损的优化结果

w	0.0	0.1	0.2	0.3	0.4	0.5	0.6	0.7	0.8	0.9	1.0
P_1	114.00	114.00	114.00	114.00	114.00	114.00	110.91	111.03	110.83	110.80	111.38
P_2	114.00	114.00	114.00	114.00	114.00	114.00	112.98	111.14	110.81	112.12	110.84
P_3	120.00	120.00	120.00	120.00	120.00	120.00	119.77	120.00	97.48	97.40	97.50
P_4	169.37	174.28	179.50	179.73	179.73	179.73	179.73	179.73	179.73	179.73	179.84
P_5	97.00	97.00	97.00	97.00	97.00	97.00	96.48	93.59	92.23	93.31	87.91
P_6	124.26	126.69	130.54	135.77	140.00	140.00	139.79	140.00	140.00	140.00	140.00
P_7	299.71	300.00	300.00	300.00	300.00	300.00	299.47	278.96	260.63	259.60	259.91
P_8	297.91	298.64	300.00	300.00	300.00	300.00	285.56	284.61	284.83	284.60	284.83
P_9	297.26	297.87	299.04	300.00	300.00	300.00	284.61	284.61	284.61	284.60	284.60
P_{10}	130.00	130.00	130.00	130.00	130.00	130.00	130.00	130.00	130.00	130.00	130.00
P_{11}	298.41	303.07	309.21	316.51	318.40	318.40	314.78	243.60	243.64	168.75	168.80
P_{12}	298.03	302.56	308.63	315.93	318.40	318.40	315.35	243.61	168.98	168.80	168.80
P_{13}	433.56	433.57	434.27	403.80	394.28	394.28	394.28	394.28	214.94	214.76	214.76
P_{14}	421.73	417.35	404.77	394.28	394.28	394.28	394.28	394.28	394.32	304.52	304.52
P_{15}	422.78	418.91	407.09	394.28	394.28	394.28	394.28	394.28	394.40	304.52	394.28
P_{16}	422.78	418.91	407.09	394.28	394.28	394.28	394.28	394.28	304.53	394.26	394.28
P_{17}	439.41	444.70	455.54	472.30	486.50	489.28	488.42	489.28	489.28	489.28	489.28
P_{18}	439.40	444.71	455.57	472.34	486.53	489.28	488.49	489.28	489.28	489.28	489.28
P_{19}	439.41	438.51	437.13	435.95	426.98	423.98	495.01	511.28	511.28	511.28	511.28
P_{20}	439.41	438.51	437.13	435.95	426.98	423.98	421.52	511.28	421.60	511.28	511.28
P_{21}	439.45	438.41	437.21	436.65	433.62	435.20	433.61	434.13	523.28	523.28	523.28

续表

w	0.0	0.1	0.2	0.3	0.4	0.5	0.6	0.7	0.8	0.9	1.0
P_{22}	439.45	438.41	437.21	436.65	433.62	435.20	433.55	434.08	522.99	523.28	523.28
P_{23}	439.77	438.83	437.75	437.35	434.43	436.41	433.52	433.99	523.27	523.28	523.28
P_{24}	439.77	438.83	437.75	437.35	434.43	436.41	433.54	433.60	522.47	523.28	523.30
P_{25}	440.11	438.90	437.43	436.47	433.52	433.75	433.54	433.65	523.13	523.28	523.28
P_{26}	440.11	438.90	437.43	436.47	433.52	433.75	433.54	433.61	522.62	523.28	523.28
P_{27}	28.99	23.29	18.50	15.15	12.41	11.05	10.00	10.00	10.01	10.00	10.00
P_{28}	28.99	23.29	18.50	15.15	12.41	11.05	10.00	10.00	10.00	10.00	10.00
P_{29}	28.99	23.29	18.50	15.15	12.41	11.05	10.00	10.00	10.00	10.00	10.00
P_{30}	97.00	97.00	97.00	97.00	97.00	97.00	96.30	96.39	90.98	89.87	88.47
P_{31}	172.33	173.93	176.65	182.11	190.00	190.00	190.00	190.00	190.00	190.00	190.00
P_{32}	172.33	173.93	176.65	182.11	190.00	190.00	188.40	190.00	166.64	189.59	190.00
P_{33}	172.33	173.93	176.65	182.11	190.00	190.00	184.87	190.00	160.45	188.32	190.00
P_{34}	200.00	200.00	200.00	200.00	200.00	200.00	200.00	200.00	199.69	198.69	166.49
P_{35}	200.00	200.00	200.00	200.00	200.00	200.00	200.00	200.00	199.89	198.33	165.42
P_{36}	200.00	200.00	200.00	200.00	200.00	200.00	200.00	200.00	198.39	190.88	165.27
P_{37}	100.84	102.42	105.04	109.42	110.00	110.00	109.05	110.00	90.62	108.30	110.00
P_{38}	100.84	102.42	105.04	109.42	110.00	110.00	108.59	90.10	92.60	107.55	110.00
P_{39}	100.84	102.42	105.04	109.42	110.00	110.00	110.00	90.05	108.29	108.62	110.00
P_{40}	439.41	438.51	437.13	435.95	426.98	423.98	421.52	511.28	511.28	511.28	511.28
C/(美元·h^{-1})	129 955	129 341	128 390	126 939	125 810	125 671	125 489	124 387	122 074	121 520	121 376
E/(t·h^{-1})	176 682	177 139	179 486	186 094	194 106	195 440	199 426	227 396	326 952	350 699	356 336

表 4-13　KSO 帕累托解集中 $\omega=0.5$ 时的解与其他算法最优复合解的对比结果

算法	GSA	MODE	PDE	NSGA-	SPEA2	QOTLBO	TLBO	εv-MOGA	KSO
C	125 782	125 792	125 731	125 825	125 808	125 161	125 602	125 750	125 489
E	210 933	211 190	211 765	210 949	211 098	206 490	206 648	211 744	199 426

表 4-14 给出了案例 3 中 KSO 求得的最小燃料成本($w=1.0$)和最小污染排放($w=0.0$)与其他算法的比较结果。对于最小燃料成本而言,KSO 与其他算法相比得到了 121 376(美元/h)这个最好的结果,特别是要优于 SMPSO,LMPSO,QOTLBO 和 NGPSO 这些在帕累托解集上与 KSO 表现相当的算法。与排在第二位的 IABC-LS[114],ABCDP[114],ABCDP-LS[114],HPSOGSA[115] 和 MAθ-PSO[117] 算法相比,KSO 节约了 37(美元/h)的燃料成本。FSO 获得的最小燃料成本则较高,比 KSO 多了 109(美元/h)。对于最小污染排放而言,虽然与很多算法的结果相同,KSO 仍然得到了污染排放的最小值 176 682(t/h)。因此,综合案例 3 的实验结果表明,KSO 具有更好的搜索优化能力。

表 4-14　案例 3 中不同算法求得的最小燃料成本和最小污染排放的比较结果

算法	最小燃料成本 ($w=1.0$)		最小污染排放 ($w=0.0$)	
	C/(美元·h^{-1})	E/($t\cdot h^{-1}$)	C/(美元·h^{-1})	E/($t\cdot h^{-1}$)
IABC[114]	121 415	356 422	129 995	176 682
IABC-LS[114]	121 413	359 901	129 995	176 682
ABCDP[114]	121 413	359 901	129 995	176 682
ABCDP-LS[114]	121 413	359 901	129 995	176 682
HPSOGSA[115]	121 413	360 228	129 997	176 684
MBFA[96]	121 416	356 424	129 995	176 682
PSOGSA[115]	121 461	358 155	129 987	176 678
MODE[106]	121 837	374 791	129 956	176 683
DE-HS[116]	121 415	356 433	129 994	176 682
MAθ-PSO[117]	121 413	359 902	129 995	176 682
FSO	121 485	359 331	129 995	176 682
KSO	121 376	356 336	129 955	176 682

本节给出的三个案例，均表明了 KSO 算法在 CEED 中的优良表现。KSO 获得的帕累托解集，要优于大多数算法的最优复合解。在最小燃料成本的比较中，KSO 在发电机数目较少的案例 1 中的结果仅次于 FSO，优于其他算法。而在发电机规模较大的案例 2 和案例 3 中，KSO 结果不仅优于其他算法，而且要远远优于 FSO。在最小污染排放的比较中，KSO 均搜索出了更优的结果。因此，KSO 在经济排放调度的应用中节约了燃料成本，减少了污染排放，取得了较好的效果。

4.5　结　论

本章分别给出了两种新算法 FSO 和 KSO 应用于 CEED 问题的优化结果。在具体案例的实验中，FSO 和 KSO 获得的帕累托解集均要优于大多数算法的最优复合解。而且，无论是最小燃料成本和最小污染排放，FSO 和 KSO 均要比相关算法的结果要好。在规模较小的计及阀点效应的 CEED 问题中，FSO 的结果要略优于 KSO 的结果；在不计阀点效应的 CEED 问题中，FSO 的结果与 KSO 的结果相当，均能搜索到理论最优值；但在规模较大的计及阀点效应的 CEED 问题中，KSO 的结果要优于 FSO 的结果，KSO 在 CEED 问题上应有进一步的发展空间。

第五章　成果与不足

元启发式优化算法为最优化问题的求解提供了新的思路，能够以一定概率跳出局部最优，而且可以快速地求解那些不存在或者暂时未找到多项式时间求解算法的问题。另外，元启发式算法对目标函数不存在任何特殊要求（如可微或者凸优化），不局限于具体问题，因而受到了广泛关注。但元启发式算法并不能保证一定能够获得全局最优解，经常在一些问题上陷入局部最优。因此本书受到伯努利原理以及核映射的启发，提出了两种新的元启发式算法——FSO 和 KSO 算法，并通过实验验证了两种算法具有更好的全局搜索能力。本书的主要研究内容和成果如下：

(1)在伯努利流体力学原理的启发下，提出了一种新的元启发式算法——流体搜索优化(FSO)算法。FSO 算法模拟了流体从高压自发流向低压的逆过程，即在低压处速度较大，向着高压处逆向流动的过程中速度逐渐减小。在流体粒子的流动过程中，最终在最高压强处汇聚，到达目标函数的最优。同时 FSO 算法设计了扩散机制和指缩机制来平衡多样化探索和集中式挖掘的关系。各流体粒子通过模拟流体的自发运动机理，采用了简单的迭代更新机制，却集体“涌现”出对目标函数的优化能力。广泛采用的基准函数集测试实验表明，扩散机制与指缩机制能够提高算法的性能。与流行的 GA，PSO，GSA 和 FA 算法相比，FSO 算法提高了优化精度和鲁棒性，具有更好的跳出局部最优的能力，取得了更好的效果。

(2)受 FSO 算法设计过程以及支持向量机中核映射(kernel trick)的启发，提出了另一种新的元启发式算法——核搜索优化算法(KSO)。由于所有的元启发式算法都是通过一个非线性的迭代过程来逐步逼近目标函数的最优解，这个非线性的搜索过程实质上是一个在更高维空间的线性递增(求最大值)或递减(求最小值)过程。而核映射可以将非线性的目标函数映射到具有更高维度的线性函数。因此，对非线性函数的优化过程可以通过核映射转化为对线性函数的优化过程。在转换过程中，通过核函数来近似拟合目标函数，核函数的最优值近似为目标函数的最优值。通过多次迭代，核函数的最优值逐渐接近目标函数的最优值，近似模拟了更高维空间沿着“直线”的递增或递减过程，从而实现了对非线性函数最优值的搜索。大规模函数测试实验表明，相较于 GA，PSO，GSA，DE，FA 和 ABC 等主流算法，KSO 仅需设置必要的参数，却展现了更强的全局搜索能力，缩短了算法消耗的 CPU 时间，验证了通过核映射进行迭代搜索最优值的可行性和有效性。

(3)将两种新算法 FSO 与 KSO 分别应用到 CEED 问题中。CEED 问题需要同时最小化燃料成本和污染排放，并满足大量的电力约束条件，属于多目标优化问题。FSO 与 KSO 通过权重加和法和罚函数法将其转化为无约束的单目标优化问题。在工程实际中的案例实验中，FSO 和 KSO 获得的帕累托解集均要优于大多数算法的最优复合解。而且，无论是最小燃料成本和最小污染排放，FSO 和 KSO 均要比相关算法的结果要好。因此，FSO 和 KSO 在 CEED 问题上获得了更好的调度方案，节约了燃料成本，减少了污染排放。在规模较小的计及阀点效应的 CEED 问题中，FSO 的结果要略优于 KSO 的结果；在不计阀点效应的 CEED 问题中，FSO 的结果与 KSO 的结果相当，均能搜索到理论最优值；但在规模较大的计及阀点效应的 CEED 问题中，KSO 的结果要优于 FSO 的结果，KSO 在 CEED 问题上应有进一步的发展空间。

综上，本书提出的两种新的元启发式法 FSO 和 KSO，在基准函数测试和实际应用中均表现出了较好的性能，具有更强的全局搜索能力，是非常有竞争力的两种新算法。KSO 算法尝试涵盖统一其他元启发式算法(包括 FSO)的迭代过程，在连续域函数测试和工程应用中均表现优异，但仍然存在一些不足和未来改进的空间：

(1)KSO 在某些不可分离变量目标函数上的表现不是最好，且需要局部搜索提高精度，说明 KSO 的搜索机制仍有进一步改进的空间。另外，采用角度调制公式对 FSO 的二进制改造并不同样适用于 KSO。这是因为 KSO 算法需要按照维度进行展开搜索，而大量待选择基因造成的“维度灾难”将导致算法时间复杂度指数上升。因此需要结合 KSO 的搜索过程和原理，重新设计开发二进制版本的 KSO。

(2)KSO 的初始化过程采用均匀随机分布，将来或可采用混沌序列等其他初始化方式或混合其他元启发式算法进行改进。

(3)KSO 算法在大规模 CEED 问题上表现较好，可进一步应用于其他工程领域如最优潮流分析，无线传感器网络优化等。

参考文献

[1] Rao S S.Optimization Theory and Application (Second Edition) [M]. NewDelhi:Wilev Eastern Limited,1984:1-88.

[2] Kuhn,H.W.;Tucker,A.W.Nonlinear programming[C].Proceedings of 2nd Berkeley Symposium. Berkeley: University of California Press, 1951,481-492.MR 0047303.

[3] DANTZIG G B.Programming in a linear structure [J].Report of the September meeting in Madison,1949,17:73-74.

[4] Nocedal J,Wright S J.Numerical Optimization (2nd Edition)[M].New York:Springer,2006:135-193.

[5] Bland R G,Goldfarb D,Todd M J.The Ellipsoid Method:A Survey[J]. Operations Research,1981,29(6):1039-1091.

[6] Gomory R E.Solving linear programming problems inintegers [J].Combinatorial Analysis Symposia in Applied Mathematics X,1960,46(1): 211-215.

[7] Lawler E L,Wood D E.Branch and bound methods:A survey [J].Operations Research,1966,14(4):699-719.

[8] Romero R, Monticelli A.A zero-one implicit enumeration method for optimizing investments in transmission expansion planning[J]. IEEE Transactions on Power Systems,1994,9(3):1385-1391.

[9] Kuhn H W.The Hungarian method for the assignment problem [J].Naval Research Logistics,1955,2(1-2):83-97.

[10] Fraser A S.Simulation of Genetic Systems by Automatic Digital Computers Ⅱ.Effects of Linkage on Rates of Advance under Selection [J].

Australian Journal of Biological Sciences,1957,10(4):492-500.

[11] Potts J C,Giddens T D,Yadav S B.The development and evaluation of an improved genetic algorithm based on migration and artificial selection[J].IEEE Transactions on Systems,Man and Cybernetics,1994,24(1):73-86.

[12] Ahuja R K,Orlin J B,Tiwari A.A greedy genetic algorithm for the quadratic assignment problem[J].Computers & Operations Research,2000,27(10):917-934.

[13] Jiao L,Wang L.A novel genetic algorithm based on immunity[J].IEEE Transactions on Systems Man & Cybernetics-Part A,Systems & Humans,2000,30(5):552-561.

[14] Andre J,Siarry P,Dognon T.An improvement of the standard genetic algorithm fighting premature convergence in continuous optimization [J].Advances in Engineering Software,2001,32(1):49-60.

[15] Leung Y W, Wang Y. An orthogonal genetic algorithm with quantization for global numerical Optimization [J].IEEE Transactions on Evolutionary Computation,2002,5(1):41-53.

[16] Deep K,Thakur M.A new crossover operator for real coded genetic algorithms[J]. Applied Mathematics & Computation, 2007, 188(1): 895-911.

[17] Kao Y T,Zahara E.A hybrid genetic algorithm and particle swarm optimization for multimodal functions[J].Applied Soft Computing,2008, 8(2):849-857.

[18] Baldominos A,Saez Y,Isasi P .Evolutionary Convolutional Neural Networks: an Application to Handwriting Recognition [J]. Neurocomputing,2017:S0925231217319112.

[19] Ijjina E P,Mohan C K .Human action recognition using genetic algorithms and convolutional neural networks[J]. Pattern Recognition, 2016,59:199-212.

[20] Kennedy J, Eberhart R. Particle Swarm Optimization[C]. Proceedings of IEEE International Conference on Neural Networks, 1995, 4: 1942-1948.

[21] Shi Y, Eberhart R. A Modified particle swarm optimizer [C]. Proceedings of the IEEE Conference on Evolutionary Computation, 1998, 6, 69-73.

[22] Angeline P J. Using selection to improve particle swarm optimization [C]. IEEE International Conference on Computational Intelligence, 1998: 84-89.

[23] Sun J, Feng B, Xu W. Particle swarm optimization with particles having quantum behavior[C]. Proceedings of the 2004 Congress on Evolutionary Computation, 2004, 1: 325-331.

[24] Liu B, Wang L, Jin Y H, et al. Improved particle swarm optimization combined with chaos [J]. Chaos, Solitons and Fractals, 2005, 25(5): 1261-1271.

[25] Jadoun V K, Gupta N, Niazi K R, et al. Modulated particle swarm optimization for economic emission dispatch [J]. International Journal of Electrical Power & Energy Systems, 2015, 73: 80-88.

[26] Dorigo M, Maniezzo V, Colorni A. Ant system: optimization by a colony of cooperating agents [J]. IEEE Transactions on Systems, Man & Cybernetics-Part B, Cybernetics: A Publication of the IEEE Systems Man & Cybernetics Society, 1996, 26(1): 29.

[27] Gambardella L M, Taillard É D, Dorigo M. Ant Colonies for the Quadratic Assignment Problem[J]. Journal of the Operational Research Society, 1999, 50(2): 167-176.

[28] Merkle D, Middendorf M, Schmeck H. Ant colony optimization for resource-constrained project scheduling [J]. IEEE Transactions on Evolutionary Computation, 2002, 6(4): 0-346.

[29] Liao T, Socha K, Oca M A M D, et al. Ant Colony Optimization for

Mixed-Variable Optimization Problems [J].IEEE Transactions on Evolutionary Computation,2014,18(4):503-518.

[30] 陈月云,简荣灵,赵庸旭 .基于快速群体智能算法的毫米波天线设计[J].电子与信息学报,2018,40(2):493-499.

[31] Akay B,Karaboga D.A modified Artificial Bee Colony algorithm for real-parameter optimization [J]. Information Sciences, 2012, 192 (1): 120-142.

[32] Zhu G,Kwong S.Gbest-guided artificial bee colony algorithm for numerical function optimization [J].Applied Mathematics & Computation,2010,217(7):3166-3173.

[33] Liao T,Oca M A M D.Improving performance via population growth and local search: the case of the artificial bee colony algorithm[C]. 10the International Conference on Artificial Evolution.Angers,France, October 24-26,2011.

[34] Wang S S,Dong R Y.Feature selection with improved binary artificial bee colony algorithm for microarray data [J].International Journal of Computational Science and Engineering,2019,19(3):387-399.

[35] 高扬,李旭,董明等.增强性人工蜂群算法及在多阀值图像分割中的应用[J].中南大学学报:英文版,2018,25(1):107-120.

[36] Yang X S. Firefly Algorithm, Levy Flights and Global Optimization [M].Research and Development in Intelligent Systems XXVI,Incorporating Applications and Innovations in Intelligent Systems XVII,Peterhouse College,Cambridge,UK,2010:209-218.

[37] Chandrasekaran K,Simon S P.Network and reliability constrained unit commitment problem using binary real coded firefly algorithm [J].International Journal of Electrical Power & Energy Systems, 2012, 43 (1):921-932.

[38] Fister I,Yang X S,Brest J,et al.Modified firefly algorithm using quaternion representation [J].Expert Systems with Applications,2013,40

(18):7220-7230.

[39] Niknam T, Azizipanah-Abarghooee R, Roosta A. Reserve Constrained Dynamic Economic Dispatch: A New Fast Self-Adaptive Modified Firefly Algorithm [J]. IEEE Systems Journal, 2012, 6(4): 635-646.

[40] Kirkpatrick S, C.D.Gelatt, M.P.Vecchi. Optimization by Simulated Annealing [J]. Science, 1982, 220.

[41] Ingber L. Very fast simulated re-annealing [J]. Mathematical & Computer Modelling, 1989, 12(8): 967-973.

[42] Lin F T, Kao C Y, Hsu C C. Applying the genetic approach to simulated annealing in solving some NP-hard problems [J]. IEEE Transactions on Systems, Man and Cybernetics, 1993, 23(6): 1752-1767.

[43] Zolfaghari S, Liang M. Jointly solving the group scheduling and machining speed selection problems: A hybrid tabu search and simulated annealing approach [J]. International Journal of Production Research, 1999, 37(10): 2377-2397.

[44] Jeon Y J. An Efficient Simulated Annealing Algorithm for Network Reconfiguration in Large-scale Distribution Systems [J]. IEEE Power Engineering Review, 2002, 22(7): 61-62.

[45] Rashedi E, Nezamabadi-Pour H, Saryazdi S. GSA: A Gravitational Search Algorithm [C]. International conference on Computer & Knowledge Engineering, 2012.

[46] Shaw B, Mukherjee V, Ghoshal S P. A novel opposition-based gravitational search algorithm for combined economic and emission dispatch problems of power systems [J]. International Journal of Electrical Power & Energy Systems, 2012, 35(1): 21-33.

[47] Rashedi E, Nezamabadi-Pour H, Saryazdi S. BGSA: binary gravitational search algorithm [J]. Natural Computing, 2010, 9(3): 727-745.

[48] Li C, Zhou J. Parameters identification of hydraulic turbine governing

system using improved gravitational search algorithm[J].Energy Conversion and Management,2011,52(1):374-381.

[49] Wang C,Gao K Z,Guo J.An improved gravitational search algorithm based on neighbor search [C]. Ninth International Conference on Natural Computation.IEEE,2014.

[50] 张维平,任雪飞,李国强,等.改进的万有引力搜索算法在函数优化中的应用[J].计算机应用,2013,33(5):1317-1320.

[51] Singh A,Deep K,Nagar A.A New Improved Gravitational Search Algorithm for Function Optimization Using a Novel "Best-So-Far" Update Mechanism[C].2015 Second International Conference on Soft Computing and Machine Intelligence (ISCMI),IEEE,2015:35-39.

[52] Khatibinia M, Khosravi S. A hybrid approach based on an improved gravitational search algorithm and orthogonal crossover for optimal shape design of concrete gravity dams[J]. Applied Soft Computing, 2014,16:223-233.

[53] Moscato, P. On Evolution, Search, Optimization, Genetic Algorithms and Martial Arts:Towards Memetic Algorithms[R].Technical Report C3P 826,Caltech Con-Current Computation Program,California Institute of Technology,Pasadena,1989:158-79.

[54] Geem Z W,Kim J H,Loganathan G V.A New Heuristic Optimization Algorithm:Harmony Search[J].Simulation,2001,76(2):60-68.

[55] Passino K M.Biomimicry of bacterial foraging for distributed optimization andcontrol [J].IEEE Control Systems,2002,22(3):52-67.

[56] Yang X S,Deb S.Cuckoo Search via Levy Flights [J].Mathematics, 2010:210 - 214.

[57] Yang X S.A New Metaheuristic Bat-Inspired Algorithm[J].Computer Knowledge & Technology,2010,284:65-74.

[58] Yang X S.Flower Pollination Algorithm for Global Optimization[C]. International Conference on Unconventional Computing and Natural

Computation,Springer,Berlin,Heidelberg,2012.

[59] Pan W T. A new Fruit Fly Optimization Algorithm: Taking the financial distress model as an example[J].Knowledge-Based Systems, 2012,26:69-74.

[60] Wu H,Zhang F,Wu L.New swarm intelligence algorithm-wolf pack algorithm[J].Systems Engineering & Electronics,2013,35(11).

[61] Duan H,Qiao P.Pigeon-inspired optimization:a new swarm intelligence optimizer for air robot path planning [J].International Journal of Intelligent Computing and Cybernetics,2014,7(1):24-37.

[62] Li M D,Zhao H,Weng X W,et al.A novel nature-inspired algorithm for optimization: Virus colony search[J]. Advances in Engineering Software,2016,92(C):65-88.

[63] Zheng Y J.Water wave optimization:A new nature-inspired metaheuristic [J].Computers & Operations Research,2015,55:1-11.

[64] Doǧan B,Ölmez T.A new metaheuristic for numerical function optimization:Vortex Search algorithm[J].Information Sciences,2015,293:125-145.

[65] Muthiah-Nakarajan V,Noel M M.Galactic Swarm Optimization:A new global optimization metaheuristic inspired by galactic motion [J].Applied Soft Computing,2016,38:771-787.

[66] Topal A O, Altun O. A novel meta-heuristic algorithm: Dynamic Virtual Bats Algorithm[J].Information Sciences,2016,354:222-235.

[67] Askarzadeh A.A novel metaheuristic method for solving constrained engineering optimization problems: Crow search algorithm[J]. Computers & Structures,2016,169:1-12.

[68] Gandomi A H,Yang XS,Alavi A H.Cuckoo search algorithm:a metaheuristic approach to solve structural optimization problems [J].Engineering with Computers,2013,29(2):245-245.

[69] Tamura K,Yasuda K.Primary study of spiral dynamics inspired opti-

mization [J]. IEEJ Transactions on Electrical & Electronic Engineering,2011,6(S1):98-100.

[70] Chen H L,Yang B,Wang S J,et al.Towards an optimal support vector machine classifier using a parallel particle swarm optimization strategy [J].Applied Mathematics and Computation,2014,239:180-197.

[71] Mahi M, Baykan O K, Kodaz H. A new hybrid method based on Particle Swarm Optimization,Ant Colony Optimization and 3-Opt algorithms for Traveling Salesman Problem [J]. Applied Soft Computing,2015,30:484-490.

[72] Cordón O,Damas S,Santamaría J.A fast and accurate approach for 3D image registration using the scatter search evolutionary algorithm [J]. Pattern Recognition Letters,2006,27(11):1191-1200.

[73] Moradi M H,Abedini M,Hosseinian S M.Optimal operation of autonomous microgrid using HS-GA [J].International Journal of Electrical Power & Energy Systems,2016,77:210-220.

[74] Shen L,Chen H,Yu Z,et al.Evolving support vector machines using fruit fly optimization for medical data classification [J].Knowledge-Based Systems,2016,96:61-75.

[75] Russell S J,Norvig P.Artificial Intelligence:A Modern Approach (3rd Edition) [M].New Jersey:Prentice Hall,2009:935-937.

[76] Breedam A V.Comparing descent heuristics and metaheuristics for the vehicle routing problem [J]. Computers and Operations Research, 2001,28(4):289-315.

[77] Wolpert D H,Macready W G.No free lunch theorems foroptimization [J]. IEEE Transactions on Evolutionary Computation, 1997, 1(1): 67-82.

[78] Nabil E.A Modified Flower Pollination Algorithm for Global Optimization[J].Expert Systems with Applications,2016,57:192-203.

[79] Zhao W,Wang L.An Effective Bacterial Foraging Optimizer for Global

Optimization [J].Information Sciences,2016,329:719-35.

[80] Gandomi A H,Alavi A H.Krill herd:A new bio-inspired optimization algorithm[J].Communications in Nonlinear Science & Numerical Simulation,2012,17(12):4831-4845.

[81] Haupt R L, Haupt E.Practical Genetic Algorithms.Discrete Applied Mathematics,2005,146(1):119.

[82] Ajzerman M A, Braverman E M, Rozonoehr L I. Theoretical foundations of the potential function method in pattern recognition learning.Automation & Remote Control,1964,25(6):82-837.

[83] Mercer J .Functions of positive and negative type and their connection with the theory of integral equations [J].Philosophical Transactions of the Royal Society of London,1909,209:415-446.

[84] Zhang Y, Gong D W, Ding Z.A bare-bones multi-objective particle swarm optimization algorithm for environmental/economicdispatch [J].Information Sciences,2012,192(none):213-227.

[85] Farag A, Albaiyat S. Economic load dispatch multiobjective optimization procedures using linear programming techniques [J]. Power Systems IEEE Transactions on,1995,10(2):731-738.

[86] Fan J Y,Zhang L.Real-time economic dispatch with line flow and emission constraints using quadratic programming [J].IEEE Transactions on Power Systems,1998,13(2):320-325.

[87] Zhan J P,Wu Q H,Guo C X,et al.Fast -Iteration Method for Economic Dispatch With Prohibited Operating Zones[J].IEEE Transactions on Power Systems,2014,29(2):990-991.

[88] Marko Čepin.A multi-objective optimization based solution for the combined economic-environmental power dispatch problem [J].Engineering Applications of Artificial Intelligence,2013,26(1):417-429.

[89] Ela A A A E,Abido M A,Spea S R.Differential evolution algorithm for emission constrained economic power dispatch problem [J].Electric

Power Systems Research,2010,80(10):1286-1292.

[90] Özyön S, Yaşar C, Durmuş B, et al. Opposition-based gravitational search algorithm applied to economic power dispatch problems consisting of thermal units with emission constraints. Turkish Journal of Electrical Engineering & Computer Sciences,2015,23:2278-2288.

[91] Chatterjee A, Ghoshal S P, Mukherjee V. Solution of combined economic and emission dispatch problems of power systems by an opposition-based harmony search algorithm [J]. International Journal of Electrical Power & Energy Systems,2012,39(1):9-20.

[92] Benasla L, Belmadani A, Rahli M. Spiral Optimization Algorithm for solving Combined Economic and Emission Dispatch [J]. International Journal of Electrical Power & Energy Systems,2014,62:163-174.

[93] Liang Y C, Juarez J R C. A normalization method for solving the combined economic and emission dispatch problem with meta-heuristic algorithms [J]. International Journal of Electrical Power & Energy Systems,2014,54(2):163-186.

[94] Jevtic M, Jovanovic N, Radosavljevic J, et al. Moth Swarm Algorithm for Solving Combined Economic and Emission Dispatch Problem. ELEKTRON ELEKTROTECH,2017,23(5):21-28.

[95] Abdelaziz A Y, Ali E S, Abd Elazim S M. Combined economic and emission dispatch solution using Flower Pollination Algorithm [J]. International Journal of Electrical Power & Energy Systems,2016,80:264-274.

[96] Hota P K, Barisal A K, Chakrabarti R. Economic emission load dispatch through fuzzy based bacterial foraging algorithm [J]. International Journal of Electrical Power & Energy Systems,2010,32(7):794-803.

[97] Serdar Özyön, Hasan Temurtaş, Burhanettin Durmuş, et al. Charged system search algorithm for emission constrained economic power dispatch problem [J]. Energy,2012,46(1):420-430.

[98] Horn J, Nafpliotis N, Goldberg DE. A niched Pareto genetic algorithm for multiobjective optimization. First IEEE Conference on Evolutionary Computation. IEEE World Congress on Computational Intelligence, 27-29 June 1994[C]. Orlando, USA: IEEE, 82-87.

[99] Abido M A. Multiobjective evolutionary algorithms for electric power dispatch problem [J]. IEEE Transactions on Evolutionary Computation, 2006, 10(3): 315-329.

[100] Hazra J, Sinha A K. A multi-objective optimal power flow using particle swarm optimization [J]. European Transactions on Electrical Power, 2011, 21(1): 1028-1045.

[101] Marsil D A C E S, Klein C E, Mariani V C, et al. Multiobjective scatter search approach with new combination scheme applied to solve environmental/economic dispatch problem [J]. Energy, 2013, 53: 14-21.

[102] Roy P K, Bhui S. Multi-objective quasi-oppositional teaching learning based optimization for economic emission load dispatch problem [J]. International Journal of Electrical Power & Energy Systems, 2013, 53: 937-948.

[103] Qu B Y, Liang J J, Zhu Y S, et al. Economic emission dispatch problems with stochastic wind power using summation based multi-objective evolutionary algorithm [J]. Information Sciences, 2016, 351(C): 48-66.

[104] Zou D, Li S, Li Z, et al. A new global particle swarm optimization for the economic emission dispatch with or without transmission losses [J]. Energy Conversion and Management, 2017, 139: 45-70.

[105] Wollenberg A J, Bruce F. Power Generation, Operation and Control. Fuel and Energy Abstracts, 1996, 37(3): 90-93.

[106] Basu M. Economic environmental dispatch using multi-objective differential evolution [J]. Applied Soft Computing Journal, 2011, 11(2): 2845-2853.

[107] Yaşar C, Özyön S. Solution to scalarized environmental economic power dispatch problem by using genetic algorithm. International Journal of Electrical Power & Energy Systems,2012,38(1):54-62.

[108] Afzalan E,Joorabian M.Emission,reserve and economic load dispatch problem with non-smooth and non-convex cost functions using epsilon-multi-objective genetic algorithm variable [J]. International Journal of Electrical Power & Energy Systems,2013,52(1):55-67.

[109] Modiri-Delshad M,Rahim NA.Multi-objective backtracking search algorithm for economic emission dispatch problem.Applied Soft Computing,2016,40:479-94.

[110] Singh M,Dhillon J S.Multiobjective thermal power dispatch using opposition-based greedy heuristic search [J].International Journal of Electrical Power & Energy Systems,2016,82:339-353.

[111] Güvenç U. Combined economic emission dispatch solution using genetic algorithm based on similaritycrossover [J].Scientific Research & Essays,2010,5(17):2451-2456.

[112] Güvenç U, Sönmez Y, Duman S, et al. Combined economic and emission dispatch solution using gravitational search algorithm [J]. Scientia Iranica,2012,19(6):1754-1762.

[113] Balamurugan R,Subramanian S.A Simplified Recursive Approach to Combined Economic Emission Dispatch [J]. Electric Machines & Power Systems,2007,36(1):17-27.

[114] Doğan Aydin,Serdar Özyön,Celal Yaşar,et al.Artificial bee colony algorithm with dynamic population size to combined economic and emission dispatch problem [J]. International Journal of Electrical Power & Energy Systems,2014,54(1):144-153.

[115] Jiang S,Ji Z,Shen Y.A novel hybrid particle swarm optimization and gravitational search algorithm for solving economic emission load dispatch problems with various practical constraints [J]. International

Journal of Electrical Power & Energy Systems,2014,55:628-644.

[116] Sayah S, Hamouda A, Bekrar A. Efficient hybrid optimization approach for emission constrained economic dispatch with nonsmooth cost curves[J]. International Journal of Electrical Power & Energy Systems,2014,56:127-139.

[117] Niknam,DoagouMojarrad.Multiobjective economic/emission dispatch by multiobjective θ-particle swarm optimisation [J]. Iet Generation Transmission & Distribution,2012,6(5):363-377.

[118] Bolón-Canedo,V,Sánchez-Maroño,N,Alonso-Betanzos A,et al.A review of microarray datasets and applied feature selection methods [J].Information Sciences,2014,282:111-135.

[119] Piatetsky-Shapiro G, Tamayo P. Microarray data mining: Facing the challenges [J].Acm Sigkdd Explorations Newsletter,2003,5(2):1-5.

[120] Shen K Q,Ong C J,Li X P,et al.Feature selection via sensitivity analysis of SVM probabilistic outputs [J]. Machine Learning, 2008, 70 (1):1-20.

[121] Liu Y,Wang G,Chen H,et al.An Improved Particle Swarm Optimization for Feature Selection [J].Journal of Bionic Engineering,2011,8 (2):191-200.

[122] Kim K,Cho S,Member S.An evolutionary algorithm approach to optimal ensemble classifier for DNA micro array data analysis [J].IEEE Transactions on Evolutionary Computation,2008,12(3):377-388.

[123] Wang S L, Li X, Zhang S, et al. Tumor classification by combining PNN classifier ensemble with neighborhood rough set based gene reduction [J].Computers in Biology & Medicine,2010,40(2):179-189.

[124] Shen Q,Mei Z,Ye B X.Simultaneous genes and training samples selection by modified particle swarm optimization for gene expression data classification [J].Computers in Biology and Medicine, 2009, 39 (7):646-649.

[125] Martinez E, Alvarez M M, Trevino V. Compact cancer biomarkers discovery using a swarm intelligence feature selection algorithm [J]. Computational Biology & Chemistry, 2010, 34(4): 244-250.

[126] Chuang L Y, Yang C H, Li J C, et al. A Hybrid BPSO-CGA Approach for Gene Selection and Classification of Microarray Data [J]. Journal of Computational Biology, 2012, 19(1): 68-82.

[127] Chuang L Y, Jhang H F, Yang C H. Feature Selection using Complementary Particle Swarm Optimization for DNA Microarray Data[J]. Lecture Notes in Engineering & Computer Science, 2013, 2202(1): 991-998.

[128] Chuang L Y, Yang C H, Wu K C, et al. A hybrid feature selection method for DNA microarray data [J]. Computers in Biology & Medicine, 2011, 41(4): 228-237.

[129] Garro B A, Katya Rodríguez, Roberto A. Vázquez. Classification of DNA microarrays using artificial neural networks and ABC algorithm [J]. Applied Soft Computing, 2015, 38(C): 548-560.

[130] Lee J, Kim D W. Memetic feature selection algorithm for multi-label classification [J]. Information Sciences, 2015, 293: 80-96.

[131] Sun S Q, Peng Q K, Shakoor A. A Kernel-Based Multivariate Feature Selection Method for Microarray Data Classification [J]. PLOS ONE, 2014, 9(7): 1-7.

[132] Sun Z L, Wang H, Lau W S, et al. Microarray Data Classification Using the Spectral-Feature-Based TLS Ensemble Algorithm [J]. IEEE Transactions on NanoBioscience, 2014, 13(3): 289-299.

[133] Cortes C, Vapnik V N. Support vector networks [J]. Machine Learning, 2000, 20: 273-297.

[134] Cortes C, Vapnik V N. The soft margin classifier[R]. AT&T Bell Labs Technical Memorandum, 1993, 11359 -931209-18.

[135] Vapnik V N. The Nature of Statistical Learning Theory[M]. New

York:Springer-Verlag,1995:1-212.

[136] Vapnik V N.统计学习理论的本质[M].张学工,译.北京:清华大学出版社,2000.

[137] 陶卿,曹进德,孙德敏.基于支持向量机分类的回归方法.软件学报,2002,13(5):1024-1028.

[138] Lin S W,Ying K C,Chen S C,et al.Particle Swarm Optimization for Parameter Determination and Feature Selection of Support Vector Machines [J]. Expert Systems with Applications, 2008, 35 (4): 1817-1824.

[139] Chuang L Y,Yang C H,Yang C H.Tabu Search and Binary Particle Swarm Optimization for Feature Selection Using Microarray Data [J].Journal of Computational Biology,2009,16(12):1689-1703.

[140] Hatami N, Chirab C. Diverse Accurate Feature Selection for Microarray Cancer Diagnosis [J].Intelligent Data Analysis,2013,17: 697-716.